網路
NETWORK VISUAL MERCHANDISING
視覺營銷

王江濤 ⊙ 編著

財經錢線

前 言

這不是一本教你如何操作軟件的書籍。本書站在視覺營銷與交互設計的理論前沿，從理念上闡述如何實現視覺說服，讓用戶更喜愛、接受我們的交互視覺應用或界面。

隨著電子商務的發展，網絡營銷蓬勃發展，相關技術、方法層出不窮。儘管對於網絡視覺營銷的相關研究尚處於初期，但人們對網絡營銷中的視覺運用，也逐漸提升到科學化的層面——讓心理學、消費行為學、交互設計、用戶體驗、數據化營銷等學科領域的知識不斷滲入，使網絡視覺營銷成為事實上的綜合性學科。為了實現視覺銷制勝，需要通過營銷制勝的「四驅車」來整體驅動：

● 視覺傳達——建構表現技法
● 用戶體驗——把握心理感受
● 交互設計——營造情境氛圍
● 數據分析——提升轉化效果

認知心理學、傳播學與視覺傳達、色彩工程學與心理色彩、用戶體驗與交互設計、數據化營銷等作為網絡視覺營銷的基礎知識，延伸了眾多相關領域先賢的研究成果，從理論到實踐，深入淺出地讓我們把握到前沿發展的脈絡。

一般而言，我們認為網絡視覺營銷脫胎於傳統視覺營銷但又不完全屬於視覺營銷，傳統的視覺營銷主要是以優秀的櫥窗設計實現客戶的駐留、說服與銷售。網絡視覺營銷與網店關係密切；當然，網絡視覺營銷不僅僅是在網上賣東西，它兼有視覺傳達、視覺說服、交互設計、用戶體驗數據化營銷等多種功效，在未來的營銷領域必將越來越受重視和關注。

全書共分四編九章：

第一編為網絡視覺營銷的認知。

從視覺營銷在設計領域的演進，到性能價值階段的性價比、品牌階段的定位，再到感官體驗階段的營銷美學，形象識別。通過色彩模式、色彩構成、色彩調和、配色原則與方法，印證心理色彩及色彩象徵，實現對色彩的認知。

第二編為視覺傳達與用戶體驗原理。

通過視覺建構、視覺知覺與格式塔原理感知視覺語言；通過圖像敘事、視覺說服理解視覺傳達。通過用戶的感官與心理表徵識別用戶的視覺機制；以可用性與體驗性

原則，驗證用戶心流體驗與沉浸感體驗的核心思想。

　　第三編為交互設計原則與流程。

　　以要素設計的原則與方法解析通常設計的構造，系統闡述信息架構的方法、類型，以及視覺元素的屬性與視覺動線設計原則。通過導航設計、視覺風格與商品陳列、關聯搭配、文本設計、FABE 法則的運用厘清視覺營銷的要點。闡述交互設計的過去與未來，通過設計研究、項目架構、項目細化、原型製作、測試與開發構建完整的交互設計流程。

　　第四編為數據化營銷。

　　從流量構成及數據分析，到量子恒道分析流量構成，通過規範主圖形成整體視覺定位與邏輯結構定位，並最終實現關聯商品數據分析與顧客價值分析。

　　本書適用於交互設計人員、平面設計人員、電腦美工人員、網店賣家等人士進行研究與學習，也可作為電子商務、市場營銷、商務策劃、藝術設計、貿易經濟、工商管理等相關專業本專科教材。本書亦適用於網店裝修、交互設計、界面設計、用戶心理評測、微店營銷、數據分析、數據營銷等工作崗位。另外，對希望設計思想上深入並跨越網絡交易、網絡心理學、用戶體驗、視覺傳達的讀者，也有一定的參考價值。

　　由於編者的水平有限，書中不妥之處，懇請讀者批評指正。

王江濤

目 錄

第一編　網絡視覺營銷的認知

第一章　網絡視覺營銷的演進 ……………………………………（3）
　　第一節　視覺營銷在設計領域的演進 ………………………（3）
　　第二節　從感官體驗到形象識別的演進 ……………………（16）
　　☆本章思考 ……………………………………………………（25）

第二章　網絡視覺營銷色彩的認知 ……………………………（26）
　　第一節　色彩模式 ……………………………………………（27）
　　第二節　色彩構成與色彩調和 ………………………………（27）
　　第三節　配色原則與方法 ……………………………………（35）
　　第四節　心理色彩及色彩象徵 ………………………………（46）
　　☆本章思考 ……………………………………………………（50）

第二編　視覺傳達與用戶體驗原理

第三章　視覺語言與傳達 ………………………………………（53）
　　第一節　感知的視覺語言 ……………………………………（53）
　　第二節　視覺傳達 ……………………………………………（71）
　　☆本章思考 ……………………………………………………（84）

第四章　用戶感官與心理的表徵 ………………………………（85）
　　第一節　用戶感官表徵 ………………………………………（86）
　　第二節　用戶心理表徵 ………………………………………（91）
　　☆本章思考 ……………………………………………………（99）

第五章　用戶體驗的設計原則 …………………………………（100）
　　第一節　可用性設計原則應用 ………………………………（103）

第二節　體驗性設計原則應用 …………………………………（115）
　☆本章思考 ……………………………………………………………（126）

第三編　交互設計原則與流程

第六章　要素設計的原則與方法 ………………………………（129）
　　第一節　信息架構及視覺元素設計原則 …………………………（129）
　　第二節　導航設計 …………………………………………………（135）
　　第三節　視覺風格與商品陳列 ……………………………………（138）
　　第四節　文本設計 …………………………………………………（149）
　☆本章思考 ……………………………………………………………（156）

第七章　交互設計流程 ……………………………………………（157）
　　第一節　交互設計概述 ……………………………………………（158）
　　第二節　交互設計基本流程 ………………………………………（163）
　☆本章思考 ……………………………………………………………（190）

第四編　數據化營銷

第八章　網店流量引導方法 ………………………………………（195）
　　第一節　流量構成原理 ……………………………………………（195）
　　第二節　商品主圖的規範與設計方法 ……………………………（203）
　☆本章思考 ……………………………………………………………（207）

第九章　網店視覺營銷數據化 ……………………………………（208）
　　第一節　視覺營銷數據化前期工作 ………………………………（208）
　　第二節　視覺營銷數據化後期工作 ………………………………（212）
　☆本章思考 ……………………………………………………………（215）

參考文獻 ………………………………………………………………（216）

後記 ……………………………………………………………………（217）

第一編　網絡視覺營銷的認知

電子商務時代，因特網作為第四媒體迅速崛起，越來越多的網上商城、微店、網絡廣告等互聯網領域的網絡營銷場景進入我們的眼球。大家越來越熟練地運用網上購物與網上支付功能，從傳統電腦頁面再到平板電腦、手機頁面，我們的生活、工作與互聯網捆綁得越來越緊密。

與此同時，大家對淘寶、京東、蘇寧易購、當當、一號店、唯品會、聚美優品也生出比較心，對比著它們之間的經營特色、用戶體驗、商品質量，不經意間，網絡視覺營銷已經開始左右我們的大腦判斷。

當市場營銷發展到一定階段時，以消費者為中心的理念被奉為經典，「為顧客創造價值」使各類經營管理人員在質量、成本、核心競爭力上面不斷逐鹿；其實，只有當顧客的需求得到滿足，價值才會產生。而當今世界，大多數消費者的基本需求已經得到滿足，如果能夠滿足顧客對於體驗的需求，包括其中的美學需求，就可以更容易地產生價值、實現顧客需求的滿足。

當喬布斯宣布要發布第一代蘋果手機 iPhone 和平板電腦 iPad 的時候，各種批評聲音如潮水般湧來，但當簡潔、唯美、宛如藝術品的 iPhone 和 iPad 上市之後，計劃經濟時代那種排長隊購物的奇觀在世界各地的蘋果專賣店門前出現了。喬布斯以他天才的智慧，讓軟件硬件的優秀結合、完善的生態與服務將蘋果公司的輝煌演繹到了極致！喬布斯之後的庫克繼續發力，不斷推出更新換代的產品。如圖1，蘋果手機的發布讓世界各國果粉飽饗蘋果盛宴。這其中，以美學、體驗為基礎的視覺營銷起到了非常重要的作用。不僅如此，以蘋果手機 iPhone 為代表的智能手機應用生態圈中的移動營銷也方興未艾，視覺營銷從傳統電腦領域發展到了移動領域。

图 1　蘋果的 iPhone 5s 版手機

圖片來源：http://image.baidu.com。

現今時代，視覺營銷除了在傳統實體店領域廣受應用，在網絡上也越來越多地表現出異彩紛呈的興盛。網店視覺營銷、平板與智能手機界面的交互體驗設計也越來越受重視，在某種程度上甚至成了銷售實現的客戶決策依據。

第一章　網絡視覺營銷的演進

視覺營銷（Visual Merchandising，VM or VMD）也稱商品計劃視覺化，即在市場銷售中管理並展現以商品為主的所有視覺要素的活動，通過展現商品特性或品牌特徵，以及與其他商品的差異化來促進銷售或宣傳，實現企業的營銷目標。

視覺營銷可以理解為市場營銷範疇內一個通過視覺傳達、交互設計、用戶體驗、數據營銷等提升銷售業績、完善營銷目標的綜合行為。這項活動的核心是商品計劃，同時必須要依據企業的品牌理念來做決定。而其實現的過程就是利用色彩、圖像、文字表達等形式充分展現品牌或商品，從而實現吸引顧客的關注、增進顧客對品牌和產品的認可度，同時產品描述的視覺展示就是用視覺來傳達產品的性能與優勢，最終達到營銷制勝的效果。

隨著人類審美觀的發展，視覺營銷與技術進步一樣，不斷引導或適應著時代的變化；而作為交互設計或網絡視覺營銷人員，則需要有敏銳的觀察力，隨時關注視覺營銷領域的各類變化。

第一節　視覺營銷在設計領域的演進

設計領域經歷了多個時代的發展，從最早的字符界面時代（命令行界面）到圖形界面時代，設計風潮有擬物化、扁平化等變化。不同的風潮引領著時代，衍生出不同的時代文化。

一、字符界面時代

互聯網的誕生為網絡交互的發展提供了平臺，並且隨著數字技術的發展，圖形用戶界面、鼠標和瀏覽器相繼出現。而在計算機誕生之初，命令行界面是使用最廣泛的人機交互界面，命令行界面主要是通過鍵盤輸入字符指令進行操作，不包含任何圖片和其他多媒體信息，只是在單色背景上顯示有限幾種顏色的字符（如圖1.1）。

圖 1.1　命令行字符界面

字符界面在當時具有較高的運行效率，對於數據吞吐、節省計算機系統資源方面具有較好的效果。在字符界面時代，為了表現更多的圖形含義，人們發明了一些以字符組合的形態，比如笑臉符「^o^」、旋轉 90 度的微笑「:)」、旋轉 90 度的不悅「:(」。直至今天，字符組合的表情符號依然能夠在互聯網時代快速表達某種含義（如圖 1.2），甚至在此基礎上發展出了字符畫（如圖 1.3）。

:-(	:-)	;-)	:)
:-O	:-P	:-D	:->
~~_	-_-!	-_-|||	=_=
-_-#	$_$	?_?	T^T
+_+	^_-	^_^	#^_^#
Y^o^Y	@_@	%>_<%	(T_T)
(>﹏<)	::>_<::	⌒_⌒	o(′口`)o
>_<|||	⊙﹏⊙‖∣	⊙∧⊙	⊙﹏⊙

圖 1.2　搜狗的字符表情集

圖 1.3　搜狗的字符畫集

不過，字符界面畢竟比較簡單，不能完美地表現複雜的圖形效果。也有一些商務軟件使用灰色或黑色的字符來模擬彈出窗口的陰影以增強視覺效果（如圖1.4），這種狀況持續到圖形化界面的到來。

字符界面雖然具有較高的操作效率，但對於用戶來說需要記憶大量的操作命令，並且需要熟練操作鍵盤，讓普通用戶使用非常不方便；加之缺乏視覺吸引力，相當程度上制約了計算機運用的普及。

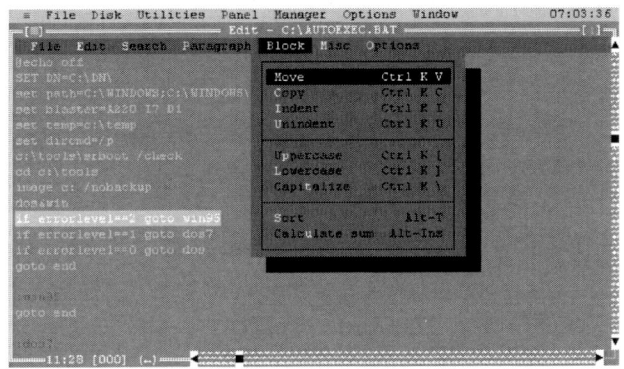

圖1.4　DOS時代字符界面通過不同顏色的特殊字符來模擬陰影

二、圖形界面時代

20世紀70年代，施樂公司的帕羅・阿爾托研究中心（Palo Alto Research Center, PARC）的研究人員開發了圖形用戶界面。從此以文本為代表的字符界面被圖形界面替代。圖形界面具有直觀易用、交互性強、簡潔易記的特點，為計算機普及和視覺傳達以及表達的交互操作奠定了基礎。

圖形化界面在DOS時代就已經開始出現，不過通常都顯得過於簡單、粗糙，鮮有優秀作品問世。優秀的程序員們不遺余力，力爭在當時較低分辨率的顯示器上設計出盡可能優秀的作品來，如圖1.5就是這個時代著名的代表作品：《波斯王子》一代。

在DOS操作系統時代實現圖形化界面非常不易，這種狀況直到蘋果操作系統iOS和微軟操作系統Windows的興起才逐漸改觀，應用軟件的圖形界面開始呈現出「擬物化（擬真設計Skeuomorphism）」的特徵，比如凸起的按鈕、立體感強的窗口等（如圖1.6和圖1.7）。

根據相關文獻對擬真設計（Skeuomorphism）的定義，這個複雜的單詞所指的是借用已有的實體，即使新設計並不需要原來的功能，也要使得新設計滿足一定的親和度需要。不僅僅iBook中的木質書架如此，就連照相軟件模擬機械相機快門的咔嚓聲都屬於這個範疇。

圖 1.5　DOS 時代圖形界面代表《波斯王子》的簡單圖形界面
圖片來源：http://image.baidu.com。

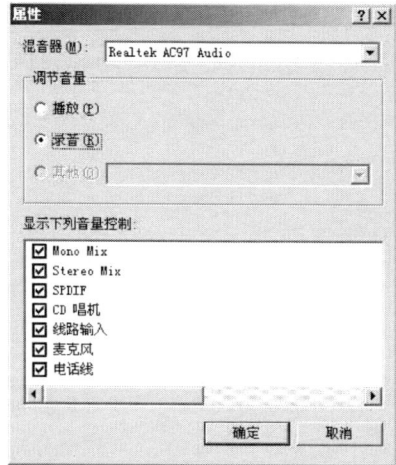

圖 1.6　Windows 系統中具備立體感的屬性窗口

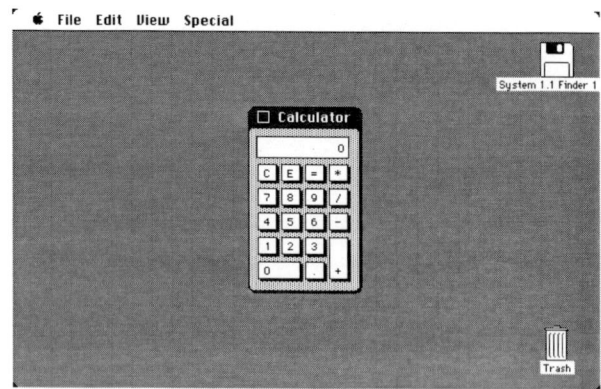

圖 1.7　早期蘋果系統的圖形界面

擬真設計真正開始被眾人所關注要歸功於 iPhone，數年前 iPhone 界面中出現的高質感材質按鈕打動了人們，從此擬真設計的風潮便開始盛行起來。

而實際上，擬真設計的觀念早在 1984 年的 Mac 電腦設計中就已經有了雛形：計算器、磁盤、垃圾箱幾個主功能已經被並不豐富的畫面描繪了出來。想當年圖形界面系統還是個新鮮玩意兒，為了讓用戶更好地理解和熟悉軟件的功能，蘋果的設計師們想到了擬真，並且把這個觀念一直延續至今。

三、扁平化風格設計趨勢

（一）扁平化風格的產生

隨著時代的發展，扁平化（Flat）和擬物化（Skeuomorphism）的設計風潮開始流行，各自不能取代卻都有自己發展的源動力。隨著網站和應用程序在許多平臺涵蓋了越來越多不同的屏幕尺寸，創建多個屏幕尺寸和分辨率的 Skeuomorphic 設計既繁瑣又費時。設計正朝著更加扁平化的風格發展，這樣可以一次保證在所有的屏幕尺寸上都很好看。扁平化風格設計更簡約，條理清晰，最重要的一點是，它具有更好的適應性。之所以開始流行扁平化風潮，通常認為是蘋果公司為了方便開發使用，本質上是把針對顧客的美觀變成了讓開發人員更容易操作。

扁平化風格設計可以通俗地理解為：使用簡單特效或者無特效來創建的設計方案，它不包含三維屬性。諸如投影、斜面、浮雕、漸變等特效都不要在設計中使用。扁平化風格設計給人的感覺通常都很簡潔，即使它可以做得很複雜。

喬布斯（Jobs）推行擬物化設計風格的最大原因是：擬物化設計降低了用戶的學習成本和理解難度，如《iOS Human Interface Guidelines》裡提到的：「當你應用中的可視化對象和操作按照現實世界中的對象與操作進行仿造，用戶就能快速領會如何使用它。」所以擬物化設計的目的，無疑是讓任何人都可以輕松操作蘋果設備。

不過值得注意的是，這裡模擬的很多操作都習慣心理暗喻，例如 iBook 模擬書架的陳列方式，抽屜的打開方式等，而不僅僅是表象上的模擬木紋、玻璃及皮革。死扣光影、漸變、紋理和質感是擬物化設計走向誤區的結果，過分追求模擬真實感導致界面設計追求在平面維度體現出類似三維立體效果的美觀性，然而過於精美和華麗的視覺會影響對內容的關注，會影響擬物化設計為體驗服務的初衷。

體驗決定著設計風格的選擇，在現在這一智能化時代，易用需求開始轉向高效易用需求，所以界面扁平化為著更豐富的內容服務，以簡約的設計把重點從視覺形式轉向關注內容呈現和用戶操作的效率，以輕量化設計去除冗余的質感，迴歸簡約與優雅。

很多人認為，平面設計的扁平風盛行，對 UI 設計師的要求降低了，其實恰恰相反。從設計難度上說，扁平化設計要遠遠超越擬物化設計，扁平化是對具象事物的高度概括提煉出來的線條和色塊，是一種再創造，這比照著實物臨摹細節更需要頭腦。扁平化的平面設計並不等於沒有細節，就像我們無法去辯論到底現實主義畫風和超現實主義畫風哪個更考驗畫家基本功一樣，所以扁平化對於設計師基本功的要求與擬物化還是扁平化無關，與設計風格無關，所有的設計都要注重每一處的細節。

簡單、直接、友好的特性也使得扁平化設計風格廣受移動界面和時尚網站設計的青睞。界面上單色極簡的抽象矩形色塊和大字體光滑、現代感十足；交互的核心在於功能本身的使用，所以去掉了冗余的界面和交互，而是使用更直接的設計來完成任務；扁平化設計則讓使用者意會事物的本質（如圖1.8、圖1.9、圖1.10）。

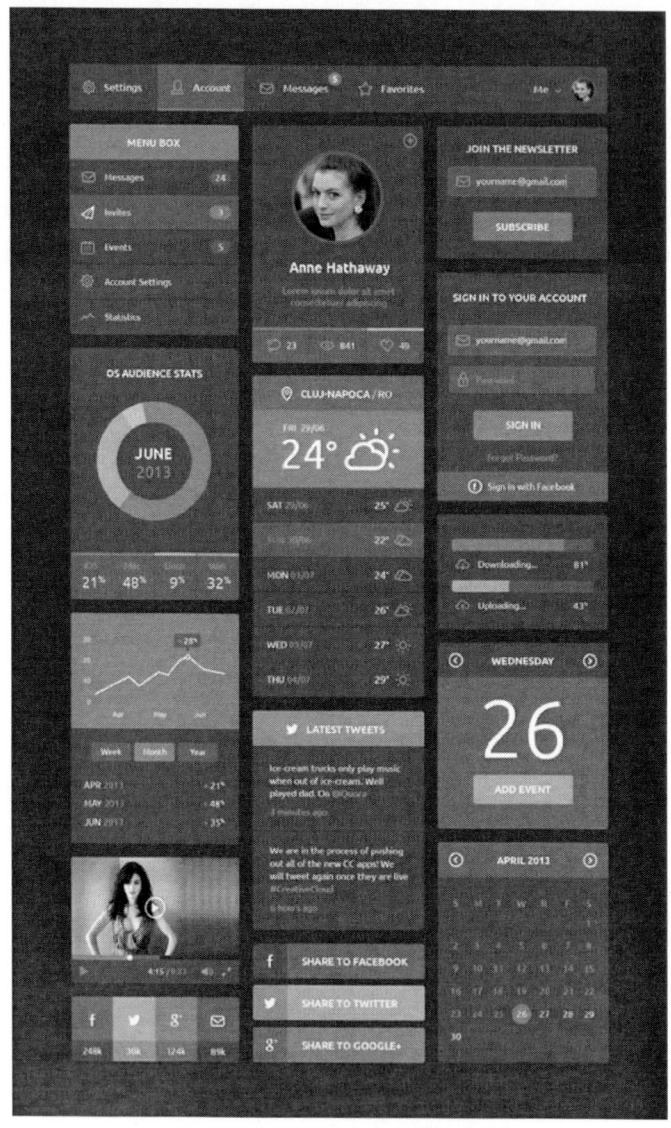

圖1.8　扁平化風格的設計模板之一

第一章 網絡視覺營銷的演進

圖 1.9 扁平化風格的設計模板之二

圖 1.10 扁平化風格的設計模板之三

(二) 扁平化風格設計特徵及優劣

知乎網上陳粲然提出:「Skeuomorphism」和「Flat」分別代表了如今軟件設計界的兩大流派。很多人將 Skeuomorphism 譯為「擬物」,但其實它並不準確。擬物強調的是

完全模仿，而 Skeuomorphism 是模仿特性，強調的是對實體設備在操作模式（信息獲取方式）上的模擬。Flat 最好的理解應該是「極簡化設計」，即強調利用最輕量、簡單的設計來傳遞核心信息，強調通過對視覺焦點的引導來讓用戶快速地完成操作。

扁平化概念最核心的地方就是放棄一切裝飾效果，諸如陰影、透視、紋理、漸變等能做出 3D 效果的元素一概不用。所有的元素的邊界都乾淨利落，沒有任何羽化、漸變或者陰影。尤其在手機上，更少的按鈕和選項使得界面乾淨整齊，使用起來格外簡潔，可以更加簡單直接地將信息和事物的工作方式展示出來，減少認知障礙的產生。

不同的公司團體都嘗試過用其他名稱來代替 Flat，例如 Minimal Design，Honest Design，而微軟公司甚至稱它作「Authentically Digital」。

與扁平化設計相比，曾經最為流行的是 Skeuomorphic 設計，最為典型的就是蘋果 iOS 系統中擬物化的設計，讓我們感覺到虛擬物與實物的接近程度，不過如今 iOS7 也已在向扁平化改變。在扁平化設計中目前最有力的典範是微軟的 Windows 8 以及 Windows Phone 和 Windows RT 的 Metro 界面，不得不說微軟不愧為扁平化用戶體驗開拓者。微軟公司在推出 Windows 8 電腦操作系統和 Windows Phone 8 手機操作系統時，將扁平化風格體現為易於排列組合的矩形「磁貼」風格（如圖 1.11 和圖 1.12）。

1. 扁平化設計的好處

(1) 簡約不簡單

扁平的設計搭配一流的網格、色彩設計，讓看久了擬物化的用戶感覺煥然一新。

(2) 突出內容主題

減弱各種漸變、陰影、高光等擬真視覺效果對用戶視線的干擾，讓用戶更加專注於內容本身，減少用戶使用這類產品的負擔，在扁平化的視覺和優秀的架構設計下顯得非常簡單易用。

圖 1.11　Windows Phone8 風格的扁平化設計

圖 1.12　Windows 8 風格的扁平化設計

（3）更多考慮色彩與佈局

優秀扁平的設計只需要包含良好的架構、網格和排版佈局，色彩的運用，高度的一致性，而不需要考慮更多的陰影、高光、漸變等。其實也是相對來說的，這裡爭論比較大，扁平化對於色彩運用和排版佈局的要求更加高了。

2. 扁平化設計的壞處

需要一定的學習成本，且傳達的感情不豐富，甚至過於冰冷。其實，設計風格的扁平及擬物和軟件設計上所指的扁平及擬物並不是一個概念。扁平化設計聚焦兩點：視覺的極簡主義和功能的最優表達。

在革新了由 iPhone 建立的擬物時代後，扁平化成為設計風格的領導者。大家都認為蘋果 iOS7 採用扁平化設計是「改朝換代」的信號：業內領軍企業蘋果都做出了改變，那麼你還有什麼理由不去緊跟潮流呢？不過，設計往往是複雜的，固然有潮流，但是潮流是否適合當前的設計需求又是另一回事。

（三）扁平化風格的實踐思路

扁平化風格在當今設計界炙手可熱，其明快簡潔的設計思路以及色彩與半透明的運用都是其實現的基礎。

1. 扁平化風格的抽象與簡化

直接簡化可以在已有擬物化設計作品的基礎上去掉特效，以呈現扁平化效果（如圖 1.13）。

除此之外，對生活中的事物或者尚無擬物化設計作品的抽象與簡化需要練習的基本功。我們常見的不少商品 Logo，有不少就是現實生活中的抽象與簡化（如圖 1.14）。

圖 1.13　去掉特效後的扁平化攝像頭圖標

圖 1.14　扁平化旗幟設計

平時多做練習，對於設計扁平化作品有較大幫助。有時，中國傳統藝術中的水墨畫、剪紙、皮影與古代紋飾（如圖 1.15）也會為我們帶來靈感。

圖 1.15　簡潔的漢馬圖案

2. 扁平化風格的色彩與透明

扁平化設計很重要的一點就是色彩的使用。扁平化設計是一項運用簡單效果，或者是刻意進行一個不使用三維效果的設計。一個好的扁平化設計必然不可能出現陰影、浮雕和漸變等效果。扁平化設計看上去非常簡單、直觀，並且使用方便，所以在手機界面和網頁設計中變得越來越受歡迎。

（1）確定扁平化風格的色彩基調

扁平化設計並不局限於某種色彩基調，它可以使用任何色彩。但是大多數的設計師都傾向於使用大膽鮮豔的顏色。

如何讓扁平化設計在色彩上與眾不同呢？我們可以通過嘗試不斷地增加色彩層次，將原本的一兩個層次增加到三四個甚至更多有較高亮度和飽和度的層次。在進行扁平化設計時，傳統的色彩法則就不適用了，轉而以彩虹色這種流行色來進行配色（如圖1.16）。

扁平化設計一般都有特定的設計法則，比如利用純色，採用復古風格或是單一色（同類色）。當然並不是說這是唯一的選擇，而是這種方式已經成為一種流行的趨勢，也更加受歡迎。

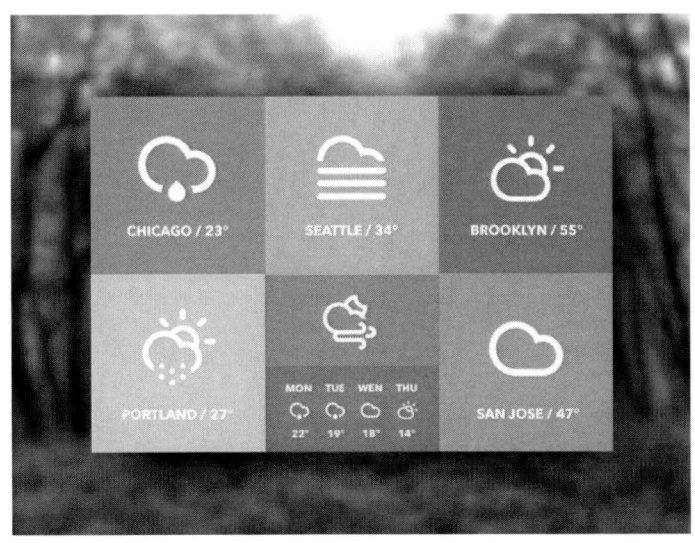

圖 1.16　純色的扁平化設計

提到扁平化設計的色彩，純色一定首當其衝地出現在我們腦海裡，因為它帶來了一種獨特的感受。純粹的亮色往往能夠與明亮的或者灰暗的背景形成對比，以達到一種極富衝擊力的視覺效果。所以說，在進行扁平化設計時，純色絕對是最受歡迎的色彩趨勢。

● 亮色

FlatUIColors.com 對扁平化設計中最受歡迎的色彩進行了一個整理，從寶藍和草綠到明黃和橘黃色，這些色彩概括出了我們現在能夠看到的色彩趨勢。瀏覽這個網站將

是進行扁平化設計的第一步，因為設計者能夠免費下載任何看中的色彩（如圖1.17）。

圖1.17　免費進行扁平化配色的網站界面 FlatUIColors.com 界面

在扁平化設計中，三原色是很少見的，即正紅、正藍和正黃，而採用復色的方式更適宜。簡單起見，在一個扁平化設計方案中，如果想快速配色，可以選擇相似的色調和飽和度，亮色方案可以按色溫排列以迅速實現彩虹般排列效果。

利用色彩進行一組扁平化設計的色彩配色。每一種色彩都能與背景色形成最強勁的視覺衝擊（如圖1.18）。目前最流行的色彩：藍、綠、紫。

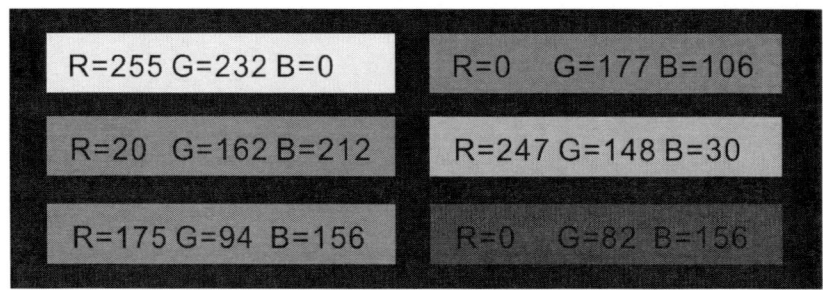

圖1.18　亮色配色示例

● 復古色

在進行扁平化設計時，使用復古色也是一種常見的配色方式。這種色彩雖然飽和度低，但卻是在純色的基礎上添加白色，以使色彩變得更加柔和。復古色經常以大量的橘色和黃色為主，但有時也有紅色或藍色（如圖1.19）。

在扁平化設計中，以復古色為主色調是很常見的，因為這種色彩能夠使頁面變得更加柔美、富有女性氣質。

在扁平化設計中，如果將復古色作為主色調，呈現效果最好。目前最流行的色彩：橘色、粉色或緋色和深藍。

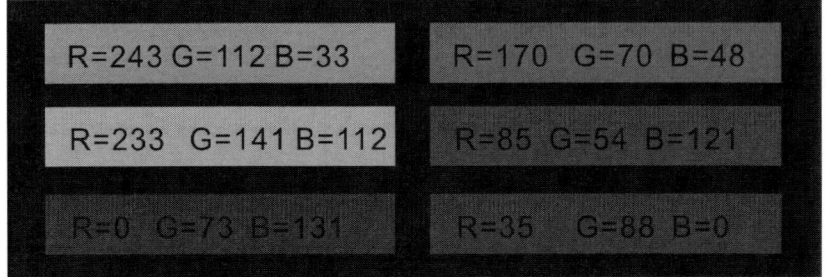

圖 1.19 復古色配色方案

● 單一色

單一色也叫同類色,以一種顏色為基色,其他元素的設計以其同色系的近似色的變化來表達(一般可以採用將原色彩的對比度降低一定的百分比來實現)。在扁平化設計中,同類色正迅速成長為一種流行趨勢。這種色彩往往以單一顏色搭配黑色或白色來創造一種鮮明且有視覺衝擊的效果(如圖 1.20)。

大部分的同類色利用一個基本色搭配兩三個色彩。另一個方法是利用少量的色彩變化,比如,藍色配以綠色呈現出一種藍綠色的效果。

同類色在移動設備和 APP 設計中格外受歡迎,正如其他的色彩搭配一樣,同類色也是需要對比的。目前最流行的色彩:藍色、灰色和綠色。

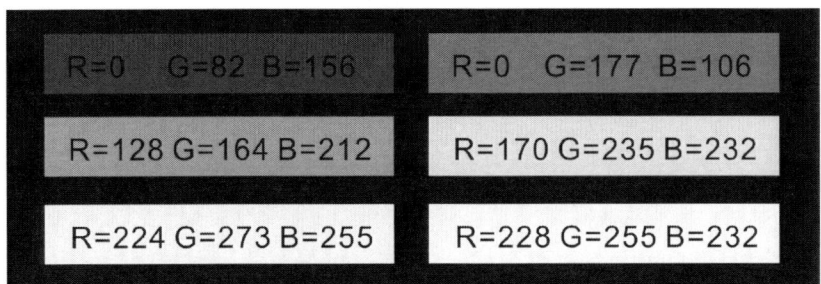

圖 1.20 單一色配色方案

設計師也經常探討更富於表現力的配色方案,可以思考更多的配色方案變化,以突破傳統的束縛。

(2)扁平化風格的半透明運用

使用這些設計方式最大的好處就是創造對比,可以讓設計師通過色塊、圖片上的大字體或者多種顏色層次來創造視覺交集(如圖 1.21)。這種效果如果運用得當的話,效果會非常震撼,但是使用這種效果必須謹慎,因為這種效果很難處理得當。有一些原則需要掌握:

● 只有圖片和文字都可以讀時,半透明效果才有意義。
● 在決定半透明位置的時候,要知道遮擋了什麼內容,這些遮擋是否合理。
● 透明度的使用錯誤會影響到整體的設計效果和閱讀性。

●出於可讀性考慮，不要在對比強烈的圖片上放置半透明元素（比如黑白對比或互補色）。

●不要同時運用過多半透明效果。

圖 1.21　半透明運用的實例

第二節　從感官體驗到形象識別的演進

　　視覺營銷中的用戶體驗，本質上傳達了一種美學的理念，讓美學的思想與顧客的心理渴望產生共鳴，從而盡可能產生共同的供需訴求，以用戶體驗的交互方式實現理想、甚或超乎理想的營銷目標。

　　視覺營銷實質上是通過美學傳遞出更多個性、風格、品味、格調等心靈層面的體驗感。

　　傳統企業主要職責在於提供產品，即「牛排」；但以消費者為中心的營銷理念認為，好的營銷者提供的是以用戶體驗為導向的、顧客心目中的價值——「在鐵板上煎牛排時所發出的嗞嗞聲」。

　　20 世紀 80 年代，消費者研究人員討論過這些方法的一種替代方案，「快感」或「體驗」方法，即給顧客一種「消費牛排的體驗」。任何好的牛排餐廳都知道除了提供一份口味上好的牛排以外，還必須給顧客提供一整套全面的感官體驗，諸如做工精細的餐刀、氤氳的燈光、風格獨到的就餐隔間、搖曳的燭火、微風輕拂的水面等。如圖 1.22，這是巴厘島風格的特色餐廳，感官體驗非常直觀。

圖 1.22　巴厘島風格的特色餐廳
圖片來源：http://image.baidu.com。

一、從價值和品牌到感官體驗

注重體驗源於兩個早期階段，許多企業仍然在運用這些早期方法來銷售它們的產品。對於這些產品而言，這些方法也許是合適的；但對於大多數產品來說，這些方法已經顯得過時了。

（一）性能價值階段——性價比

幾乎任何營銷類教科書的作者都會告訴讀者要注意產品性能為消費者帶來的益處，顧客把希望獲得的某種益處作為需求表達出來，例如：牙膏的美白防齲功能、電視的清晰度、手機運行的流暢度、GPS 的定位精度與定位速度、保健品的營養成分等。營銷被認為是市場細分加上目標市場的定位，並通過在產品、價值、渠道、促銷方面的努力而達成。市場細分即根據購買者想從產品中獲得的益處來對購買者進行分類的一種技術。營銷管理者的任務就是聯合分析各種方法來組合產品性能，直至讓產品與顧客的期望完全一致，並且為他們的問題提供解決方案。

然而，如今大多數顧客對於那些沒有個性的產品，以及問題解決方案的強行推銷廣告所提供的孤立利益並沒有留下多深的印象。多布林集團的戰略家拉里·基利認為：「存在一種由性能向生活方式或價值體系進行全面轉變的趨勢。」今天消費者消費選擇多根據產品是否符合他們的生活方式，或者產品是否代表了一種激動人心的新概念——一種值得向往的體驗。

（二）品牌階段——定位

品牌提供了一種形象，向消費者保證質量，並提供了全面的解決方案。品牌超越了具體的產品要素（例如性能和它們所提供的實際作用），將產品作為一個整體來考慮（如圖 1.23，這是在互聯網上搜集的世界知名品牌的 Logo）。按照《管理品牌資產並建立強大的品牌》（*Managing Brand Equity and Strong Brands*）一書作者戴維·奧克的觀

點，通過品牌的名稱以及附加到或產生於產品的實用性能中的聯想，品牌能產生長期價值。

圖 1.23　世界知名品牌 Logo

品牌和品牌管理的概念可以追溯到 20 世紀 30 年代，它是由寶潔公司這類生產包裝產品的企業發明出來的。20 世紀 80 至 90 年代初，企業將大量的精力集中到品牌資產、品牌延伸、品牌形象、聯合品牌、概念品牌、品牌識別、品牌意識和品牌聯想等方面。

當時，文獻是非常重要的，它提醒那些具有技術頭腦的管理者，消費者的決策準則是達不到他們的分析模型中所假定的、複雜的成本收益平衡的。它告訴營銷經理對品牌的建立進行投資，比如廣告和媒介，而把價格折扣作為最後的手段。它提醒那些習慣於滿足短期會計年度財務目標的品牌經理，要注重品牌的長期價值。

品牌的支持者同時也強調了符號的重要性。正如品牌戰略家戴維·奧克所言：「一個強有力的符號能夠表達一個識別的內聚力和結構，並使它能夠很容易地獲得認可。它是品牌開發的關鍵成分，缺乏一個強有力的符號會是一個巨大的障礙。將符號提升到識別的一部分，這反應了它們潛在的力量。」

杰克·特勞特在其所著的《定位》一書中，對於定位的理解就是讓品牌在消費者的心智中占據最有利的位置，使品牌成為某個類別或某種特性的代表品牌。這樣當消費者產生相關需求時，便會將定位品牌作為首選，也就是說這個品牌占據了這個定位。特勞特認為，隨著消費者選擇的力量越來越大，企業不能再僅從盈利角度來經營自己的品牌。只有搶先利用定位理論優勢，才能把握住顧客的心智資源，在競爭中居於主動地位，獲得長遠的競爭優勢。

1. 定位方法

根據企業所處的戰略形勢，主要有三種品牌定位方法。

（1）搶先定位

搶先定位是指企業在進行品牌定位時，力爭使自己的產品品牌第一個進入消費者心智，搶佔市場第一的位置。經驗證明，最先進入消費者心智的品牌，平均比第二的品牌在長期市場佔有率方面要高很多。而且此種關係是不易改變的。一般來說，第一個進入消費者心智的品牌，都是難以被驅逐出去的。如複印的施樂（Xerox）、租車行業的赫茲（Hertz）、可樂中的可口可樂（Cocacola）、涼茶中的加多寶、奶茶中的香飄飄、廚電中的方太等。

（2）關聯定位

關聯定位其實是一種借力的定位，借力於某品類的第一品牌進行攀附，從而達到攀龍附鳳而上位的目的。比如七喜，它發現美國的消費者在消費飲料時，三罐中有兩罐是可樂，於是它說自己是「非可樂」。當人們想喝飲料時，第一個馬上會想到可樂，然後有一個說自己是「非可樂」的品牌與可樂靠在一起，那就是七喜。「非可樂」的定位使七喜一舉成為飲料業第三品牌。

（3）為競爭對手重新定位

當有價值的地皮已經被人家牢牢圈住了，應該怎麼辦呢？通過把他擠走、推倒，然後把這個地皮和產權拿到手。方法就是發現對手的弱點，從它的弱點中一舉攻入，把它拿下來。其心智原理是：當顧客想到消費某個品類時，會立刻想到領導品牌，如果作為一個替代角色出現的話，有可能在顧客的心智中完成一個化學反應——置換，這樣就替代了領導品牌。

例如恒大冰泉的廣告語，針對農夫山泉的「我們不生產水，我們只是大自然的搬運工。」提出了「我們搬運的不是地表水！」將競爭對手置換到地表水的領域，而自己成為了地下水的代言人。

2. 定位步驟

企業戰略定位包括四個步驟：識別據以定位的可能性競爭優勢，選擇正確的競爭優勢，有效地向市場表明企業的市場定位，並圍繞定位開展戰略配置。

第一步，分析整個外部環境，確定「我們的競爭對手是誰，競爭對手的價值是什麼。」

第二步，避開競爭對手在顧客心智中的強勢，或是利用其強勢中蘊含的弱點，確立品牌的優勢位置——定位。

第三步，為這一定位尋找一個可靠的證明——信任狀。

第四步，將這一定位整合進企業內部營運的方方面面，特別是傳播上有足夠的資源，以將這一定位植入顧客的心智。

隨著商業競爭日益興起，先在外部競爭中確立價值獨特的定位，再將其引入企業內部作為戰略核心，形成獨特的營運活動系統，成為企業經營成功的關鍵。品牌定位不僅決定企業將開展哪些營運活動、如何配置各項活動，而且還決定各項活動之間如何關聯，形成戰略配稱。

然而在營銷品牌的階段，人們並沒有充分注意到如何戰略性地建立一個符號，品牌如何發揮它的日常管理。有關品牌的文獻都注重於命名、聯想以及品牌戰略營銷等

問題——而不是那些能共同形成一個品牌識別的各種感官要素。更重要的是，建立品牌只是識別和形象管理中的一個要素。與品牌有關的工作通常都注重於孤立的品牌，而沒有從形成公司識別或多品牌識別這些更大的範圍來考慮它們。

最後，儘管品牌已經成為營銷計劃的一部分，但是在通信日益發達的社會裡，它缺乏足夠的力量來感動顧客。諸如多媒體、因特網、虛擬現實等新的媒體和技術能產生巨大的機會，吸引顧客，為顧客提供令人滿意的文本、圖形、圖像以及聲音、觸覺和嗅覺的混合體。在當今社會裡，大量的媒體工具以及交互式、充滿體驗感的多媒體，使通信量十分巨大，因此產品的性能和價值以及品牌的名稱和聯想，是不足以引起注意並吸引顧客的。能夠吸引顧客的企業，能使顧客享受到與公司、產品或服務的定位相一致的、令人難忘的感官體驗。由於這些原因，品牌階段的營銷逐漸失去了生命力，並被感官體驗的營銷——視覺營銷所代替。

(三) 感官體驗階段——營銷美學

感官體驗階段由視覺、聽覺、嗅覺、味覺、觸覺、體感等生理性的體驗和愉悅、輕鬆、動感、沉靜、空靈、感悟等心理性的體驗共同作用而成，使營銷進入到一個全新的時代。就當前實現的技術而言，視覺體驗佔據到約 80% 的感官體驗，也是目前所易於把握的視覺營銷領域中所使用的視覺設計技術與營銷美學思想。

1. 營銷美學及其起源

美學並不是神祕而遙不可及的，美學在顧客生活中的生命力使企業有機會通過不同的感官體驗來吸引顧客，從而通過顧客的滿意和忠誠，使顧客和組織雙方受益。這些機會並不僅限於時裝、化妝品及娛樂等與美學產品直接相關的行業，也不僅限於高端消費層的時髦奢侈品。其實，任何企業，都可以利用營銷美學獲益。

美學這一術語是 18 世紀由德國哲學家亞歷山大·鮑姆加滕根據希臘詞 Aisthetikos（感知的，特別是通過感覺感知的）創造出來的。根據亞歷山大·鮑姆加滕的觀點，這一術語指的是哲學的一個特殊的分支，它的目的是產生「一門與邏輯相反的感覺知識的科學，其目標是真實」。亞歷山大·鮑姆加滕對於物理特性影響個體體驗的影響尤其感興趣。之後，德國哲學家黑格爾（1770—1831）將美學的應用限制在藝術的研究內，而我們則準備將之運用於營銷美學思想支撐的視覺營銷範疇。

如何獲得美學滿足感，這一問題仍然是哲學界爭論的主題。按照分析美學的主流觀點，持美學即意味著對某個物體的美學價值感興趣。哲學家們對於如何產生美學價值也持有不同的意見。某些哲學家認為，物體由於擁有某些吸引人的結構特性而產生美學價值，例如：勻稱對稱的人體或建築、高聳的山峰和遼闊的草原；而另一些哲學家則認為，物體由於它們的參照性而產生美學價值，即通過符號來引起人們對於那些賞心悅目的事物的注意。

心理學家在提出知覺是否是直接的或者是否被人的認識所支配的這一類問題時，也會遇到與前面相似的困難。早期的格式塔心理學和藝術心理學的工作，以及近期在視覺易感性、隱含記憶、自動化處理等方面的研究，都說明色彩和形狀能不經過意識加工直接對人產生影響。對消費者信息處理的其他研究，則集中於消費者在受到視覺

或其他感官刺激時所做出的某些推斷和結論，即視覺營銷所關注的目的。

營銷美學是指一個組織或品牌的美學所共同擁有的結構和參照特性。消費者的某些知覺是直接的，而其他知覺則受認識支配。在企業和品牌美學的領域裡，哲學和心理學的觀點都在起作用。通過企業或品牌美學的內在品質和結構特性及其表達的意義，消費者能夠獲得美學滿足感。

2. 營銷美學涉及領域

營銷美學產生於三個完全不同的領域：產品設計、傳播研究、空間設計，並且每個領域都有其二分性（如圖1.24）。

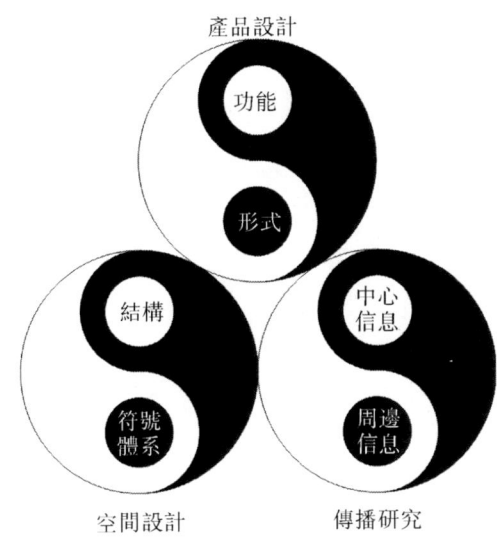

圖1.24　營銷美學產生的三個領域

在產品設計領域，功能和形式之間存在著差別。功能是指產品或服務的實用價值或性能，而形式則指產品或服務的包裝體現。功能從核心產品價值出發，以體現產品或服務的價值性能為目標，形式則以產品或服務的展示為目標。

傳播研究領域，中心信息和周邊信息這兩種信息之間也存在著區別。中心信息是指主要的問題或論點等內容性的信息，而周邊信息是指所有其他不作為主要信息出現的觸及的信息，如背景音樂、佈局色彩等情境性的信息。

空間設計中領域，結構與符號體系也有差別。結構是與人或環境實際交互方式所涉及的因素有關，比如樓層、交通模式、頁面連結深度、菜單類型等，多屬於技術人員更關心的信息；而符號體系指電梯按鈕的示意、機動車道上的路牌標示（如圖1.25）、網頁導航條（如圖1.26）等空間中非功能性的、提供體驗的各方面的因素。

圖 1.25 交通標誌示例

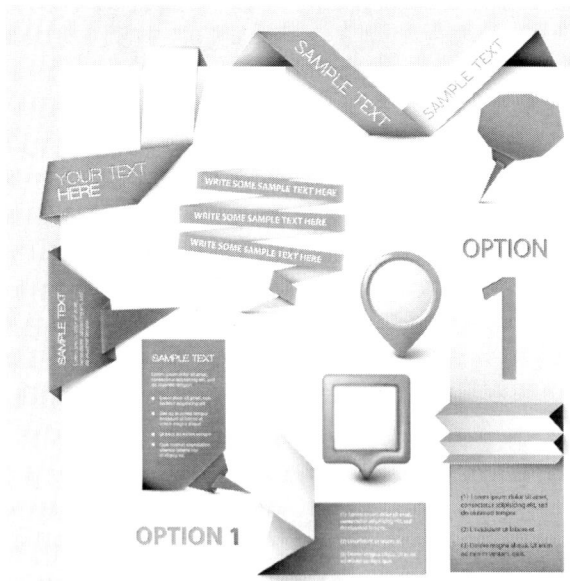

圖 1.26 具備紙張風格的導航條

二、從感官體驗到形象識別

（一）感官體驗創造價值

在互聯網發展初期，由於技術和產業發展的相對不成熟，技術創新或功能實現成為主要訴求，很少有人考慮用戶的美學感受。更特別的例子是在 Windows 出現以前的 DOS 時代，用戶理解和操作一項功能需要付出巨大的學習成本，並且交互體驗效果很差，大大降低了用戶參與網絡交互的興趣。隨著數字技術的進步與市場競爭的激烈，IT 及互聯網界企業開始考慮用戶的美學需求，越來越多地從感官體驗出發，以更好地吸引用戶參與。暫時撇開實現的方法不談，僅僅是提升感官體驗中的設計效果，就可以從美學中創造更多的價值。

1. 提高用戶忠誠度

在消費者體驗的過程中，美學是非常重要的砝碼。經常看到的實例是：消費者會因為產品設計得精美而衝動購物，或者因對設計完美的產品外觀的喜歡而不太注重性能指標。因此，當產品或服務在性能上沒有什麼差別的時候，感官體驗這類無形價值就成為關鍵的賣點。例如「藍瓶」「紅罐」等廣告詞，實質就是向用戶傳達一種形象識別，當用戶的體驗達到一定量的時候，企業迫切需要一種形象識別來「鎖定」用戶，從而最終提高用戶忠誠度。

2. 提高產品定價

當知名品牌產品定出一個明顯高於普通產品的價格時，大多數管理者、營銷學者幾乎都認為這是「品牌資產」，是管理、技術、銷售、服務等長期共同作用下的一種綜合實力的表現。然而，當更多細心的用戶深入瞭解這些產品背後的性能指標後發現：如果僅僅就性能指標來看，這些高價的知名品牌其「性價比」未必就高；不過在資金允許的情況下，人們仍然願意更多地選擇知名品牌。

那麼是什麼原因促使消費者在並不瞭解該知名品牌產品製造商背景的情況下，仍然做出選擇該品牌產品的決定呢？答案是感官體驗！尤其是美學的體驗。例如在眾多平板電腦中，蘋果的 iPad 相對而言能給用戶在美學、流暢度、散熱、電池續航、信號強度、按鍵佈局的合理性、應用軟件的數量與質量等方面最好的感官體驗，那麼即使沒有那麼多廣告，這種直觀體驗也能在用戶心目中為其「加分」。因此，提高產品的定價就成為可能。

3. 突出主體信息

互聯網時代無疑是信息爆炸的時代，消費者無時無刻不接受著各種碎片化信息。不過，當眾多信息湧來給消費者更多選擇時也讓人陷入了迷茫。作為企業營銷者這時最關心的就是，如何讓目標消費者選擇自己的產品。一個有吸引力的美學設計就能從這些雜亂的信息中顯露出來。它使用明顯區別於競爭對手的獨特符號體系、最佳的感官體驗，重複刺激消費者的頭腦，使自己「定位」於消費者的大腦中。

（二）分析要素識別形象

創造識別主要是由識別管理的動因促使，如：顧客忠誠度較低或者正在失去市場

份額、形象過時、形象不統一、新產品或新服務的出現、競爭前景的變化、顧客特性的變化、進入新的市場、需要更多的資源等。

從動因的角度來看，識別管理並非品牌管理，識別管理比品牌管理更加廣泛。品牌管理只是把品牌作為一個單獨的項目來推銷，品牌經理把大量的精力用於品牌的定價、促銷和廣告等相關的戰術決策上，而在決定品牌是否生存的長期的、戰略的方面所花費的精力較少。實際上，他們在建立品牌識別或企業識別上並沒有花費多少時間。

隨著時間的推移，許多企業逐漸拋棄了將品牌作為一個獨立要素的狹隘觀點，轉而以分類管理的方式來思考，並注重從大範圍入手，通過與零售商、註冊用戶一起商討改進產品整體形象的方式增進銷售收入。

1. 識別品牌形象

識別創建企業或品牌形象，需要首先進行遠景規劃，建立起能夠描繪出這種遠景的感官刺激或傳播形式。識別管理需要操作者具備相應的技能，並且知道如何與一個創意型的團隊一起合作，這個團隊諸如圖形設計師、工業設計師、文案撰稿人等，在互聯網時代，甚至包括短片導演、游戲設計人、網絡寫手、草根藝術家等。

開始階段需要內部人員規劃未來的營銷目標及大體的營銷計劃，在此階段需要密切與諮詢機構或諮詢專家合作。隨後，與設計師團隊、戰略識別傳播諮詢機構、廣告代理機構、網絡推廣機構等進行接洽與商討，估計時間進程、預算、驗收標準等。

2. 分析識別要素

企業在形象識別與品牌識別過程中，需要不斷提煉出最適合表達出產品或服務特徵的要素，並以此作為建立統一識別的基礎。為了能夠更好地掌握，可以通過表格的形式來體現（如表1.1）。通過這種表達方式，明確自己需要分析識別的要素；通過詳細羅列與仔細思考，可以找到符合最終要求的明細識別要素。

表1.1　　　　　　　　　　分析識別要素

基本層次	零售業	酒店	批發商	你的企業？
資產	總部 辦公室 零售點 店鋪	大樓 海灘 花園 專有園林	展示廳 辦公室 倉庫	……
產品	服裝 化妝品 水果 生鮮蔬菜	貴賓室 大廳 房間 飯店	工業產品 工業服務 農業產品	……
外觀	包裝 標籤	員工制服 燈光 氛圍	標誌 標示 產品陳列	……
宣傳	終端廣告 商品目錄 介紹手冊	終端廣告 宣傳目錄 登記表	貿易廣告 行業網站	……

在識別要素分析出來之後，應與營銷美學團隊繼續深入合作，後續可以提出識別草案、討論並審核識別草案，及至更後續的實現、反饋、修訂等工作。

☆ 本章思考

1. 字符界面時代的產物對於現代設計而言有意義嗎？
2. 未來圖形設計可能會有什麼趨勢？
3. 除了擬物化和扁平化風格，你瞭解和查證的圖形界面時代的設計風格有哪些？
4. 為什麼扁平化風格會產生並流行？
5. 感官體驗對於網絡視覺營銷的意義何在？
6. 如何通過感官體驗的改進和創造識別形象？

第二章　網絡視覺營銷色彩的認知

在感官體驗與形象識別過程中，色彩本身具有非常微妙的表現力。通過色彩可以刺激大腦對某種形式的存在產生心理共鳴，展現出對待生活的看法與態度，引導消費者在心理上接納營銷者的理念。

互聯網上的色彩搭配讓人既迷惑又神往，不同的組合又衍生出不同的效果及適宜的場所。色彩是影響設計外觀的最主要因素之一，我們可以利用色彩來觸發感覺、協助建立網站、網店的品牌感與歸屬感，並作為一個引導原則來帶領主題跨越整個網站及任何相關內容。

對於色彩，我們常見的應用類型可以劃分為：黑白、灰度級、單色強調、色調分離、色調統一、全彩六個大類（如圖 2.1）。

黑白

灰度級

單色強調

色調分離

色調統一

全彩

圖 2.1　常見色彩應用類型

其中，黑白只有純粹的「黑」和「白」兩色；灰度級（又稱無彩色）反而是有多種漸變的「黑白」色，即我們平時所謂的「黑白照片」；單色強調是在全彩的基礎上只突出某一種顏色，其他的顏色黯淡成灰度級；色調分離是一種類似傳統版畫效果的彩色簡化，通常是為了強調色塊，類似於調色盤的效果；色調統一則採用比較中性的、幾種近似色以突出某種格調；全彩即我們所謂的「彩色照片」，並在此基礎上賦予其更多的變化。

第一節　色彩模式

　　確定色彩模式是圖形處理中一個很重要的環節，只有瞭解了不同顏色模式才能精確地描述和處理色調。電腦或手機屏幕因為製作工藝的不同，對色彩並非完全按真實的方式展現，並且受周圍光線、觀看角度、環境溫度的影響，需要色譜分析儀才能準確地校正。為了能夠相對準確地定義顏色，一般通過不同的色彩模式來顯示圖像，常見的有 RGB、CMYK、LAB 等模式。

一、RGB 色彩模式

　　RGB 模式是以 R（紅）、G（綠）、B（藍）的顏色值（0～255）調配出來的顏色，其配色原理採用加色混合法，把 R（紅）、G（綠）、B（藍）三種顏色以 255 值疊加起來可以得到純白色，以 0 值疊加起來可以得到純黑色。電腦和手機的顯示屏採用有色光，通過把不同值的 R（紅）、G（綠）、B（藍）三種有色光組合起來，可以在屏幕上顯示各種顏色。

　　在 RGB 模式上，R（紅）、G（綠）、B（藍）這三種顏色成分可以被調整以表示幾乎任何一種顏色，其中也包括黑、白、灰。

二、CMYK 色彩模式

　　CMYK（青、品紅、黃、黑）色彩模式主要用於印刷，在 CMYK 模式下，可以為每種印刷油墨指定一個百分比值。為較亮（高光）顏色指定的印刷油墨顏色百分比較低；而為較暗（陰影）顏色指定的百分比較高。當四種顏色均為 0 值時，就會產生純白色。

　　CMYK 模式的配色原理是著色混合法，顏料有選擇地吸收一些顏色的光，並反射其他一些顏色的光。由於青、品紅和黃吸收與其互補的加性原色，所以這種顏色叫減性原色。彩色印刷設備利用減性原色產生各種色彩。顏料的色彩取決於所能吸收和反射光的波長。顏料及印刷油墨等就是減色原理的例子。彩色印刷通常是用黃（Y）、品紅（M）、青（C）三色油墨及黑（K）色油墨來完成的，黑色油墨常被用以加重暗調、強調細節、補償彩色顏料的不足。

第二節　色彩構成與色彩調和

　　光在物理學上是一種電磁波，具有波粒二重性。只有在 0.39～0.77 波長之間的電磁波，才能被人類的色彩視覺系統所感受，這個範圍即「可見光譜」。光以波的形式進行直線傳播，具有波長和振幅兩個因素。不同的波長長短產生不同的色相差別；不同的振幅強弱則產生同一色相的明暗差別。光在傳播時有直射、反射、漫射、折射、透

射等多種形式。

色彩是物體表面在光線的作用下，因具備不同的吸收與反射光線的能力而讓眼睛的感受不同。所以，色彩其實是光對人視覺系統（包括眼睛與大腦中分管視覺的部分）發生作用的結果。當光線直接進入人眼時，人眼感受到的是光源色；當光線照射到物體上時，人眼感受到的是物體表面的顏色；當光線透過透明物體時，人眼感受的是透過物體後的穿透色。光在傳播過程中，如果受到干涉（如空氣中的灰塵、水汽等），則產生漫射，並對物體表面形成一定的影響。透明物體的顏色是由透過它的光的顏色決定的；不透明物體的顏色是由它反射的光的顏色決定的。

自然界的物體大多不會發光，但對於光線都具有選擇性地吸收、反射、折射、透射、漫射和折射光源色的特性。當然，任何物體對色光不可能全部吸收或反射；因此，實際上不存在絕對的黑色或白色。日常生活中常見的不發光物體之所以呈現不同的顏色，是由它的表面對光的接收屬性和投射光、環境物體的漫射共同決定的。物體的固有色，通常是指物體在正常的純白色日光照射下所呈現的色彩特徵。由於它最具有普遍性，在我們的視覺中便形成了對某一物體的色彩形象的固有概念。在繪畫作品中，當表現的事物與我們的固有概念相同時，則具備更多現實主義情調；反之，則具備更多抽象主義情調。

西瓜攤主在賣西瓜時，總喜歡撐一頂紅色的遮陽傘，就是因為紅遮陽傘透過的主要是紅光。當紅傘的紅光照射到西瓜的紅瓤上後，反射的也主要是紅光，紅光就更突出，所以瓜瓤看上去就更紅——這就是現實生活中樸素的視覺營銷原理應用。

一、色彩構成

自然界中幾乎所有的色彩都由三原色（紅、黃、藍）構成，特別色的如金、銀、熒光等除外（特別色除了有不同的色相外，通過技術上的處理，可產生出不同的光澤效果。此類色彩的提出，是為了適應現代設計和現代印刷的需要，以豐富設計師的表現方法和設計物的視覺效果為目的）。為了能夠追溯顏色的構成，一般都使用色環（又名「色相環」）和色立體來描述。

（一）色環和色立體

1. 色環

色環以伊登12色相環為基礎，伊登12色相環是由近代著名的色彩學大師美國籍教師約翰斯·伊登（Johannes Itten，1888—1967）所著《色彩論》一書而來。它的設計特色是以三原色做基礎色相；色相環中每一個色相的位置都是獨立的，區分得相當清楚，排列順序和彩虹以及光譜的排列方式是一樣的。這12個顏色間隔都一樣，並以6個補色對，分別位於直徑對立的兩端；發展出12色相環（如表2.1）。

表2.1　　　　　　　　　　伊登12色相環中英文對照

編號	英文名稱	中文名稱
01	Yellow	黃色

表2.1(續)

編號	英文名稱	中文名稱
02	Yellow-orange	黃橙色
03	Orange	橙色
04	Red-orange	紅橙色
05	Red	紅色
06	Red-violet	紅紫色
07	Violet	紫色
08	Blue-violet	藍紫色
09	Blue	藍色
10	Blue-green	藍綠
11	Green	綠色
12	Yellow-green	黃綠

為什麼選擇紅、黃、藍，因為那時印刷不發達，顏色是選擇的色彩顏料（檸檬黃、淡黃、中黃、深黃、土黃、橙黃、紅橙、大紅、深紅、赭石、土紅、玫瑰紅、青藍、深藍、普藍、淡綠、淺綠、草綠、中綠、深綠、翠綠、墨綠、桃紅、黑），色彩顏料中的紅色和藍色很好找到，但品紅、青綠色在顏料中都不那麼好找。這個理論對後世影響很大，現在國內美術課本上，顏料三原色還是紅、黃、藍。

12色相環是由原色（Primary Colours）、二次色（Sseconday Colours）和三次色（Tertiary Colours）組合而成。色相環中的三原色是紅、黃、藍，彼此勢均力敵，在環中形成一個等邊三角形。

伊登12色相環的做法（如圖2.2）：

● 紅、黃、藍分置三角形，塗在相對的色環。
● 三角形外接圓中畫正六邊形，三邊塗上第二次色橙、綠、紫色。
● 在第一次色和第二次色之間塗上第三次色黃橙、紅橙、紅紫、藍紫、藍綠、黃綠。

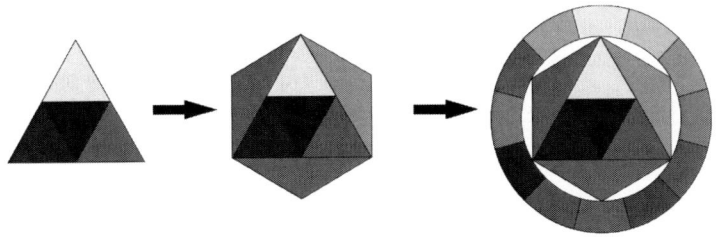

圖2.2　伊登12色相環

其中，兩個原色相加為「間色（二次色）」，兩個間色相加為「復色（三次色）」，在復色的基礎上，後來又發展出了24色相環等更多更豐富的色彩表達方式。

2. 色立體

（1）色立體的來源

為了認識、研究與應用色彩，人們將千變萬化的色彩按照它們各自的特性，按一定的規律和秩序排列，並加以命名，這稱之為色彩的體系。色彩體系的建立，對於研究色彩的標準化、科學化、系統化以及實際應用都具有重要價值，它可使人們更清楚、更標準地理解色彩，更確切地把握色彩的分類和組織。具體地說，色彩的體系就是將色彩按照三屬性，有秩序地進行整理、分類而組成有系統的色彩體系。這種系統的體系如果借助於三維空間形式來同時體現色彩的明度、色相、純度之間的關係，則被稱為色立體（如圖 2.3）。

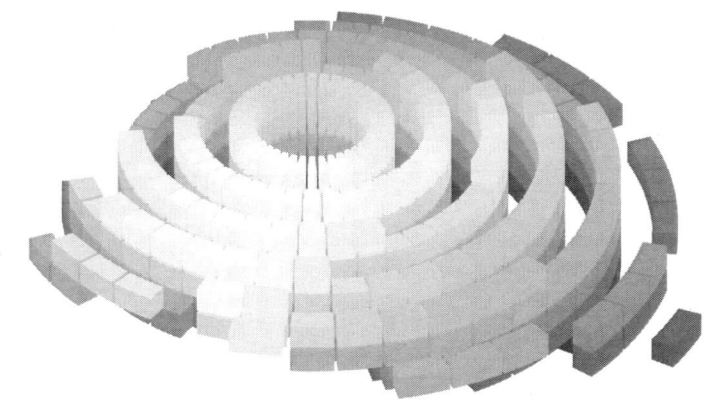

圖 2.3　色立體示意圖

標準的色彩設計的定義顏色可以這樣表示：H 色相（色調）、S 純度（飽和度）、B 明度（亮度），把這三個要素作成立體坐標，就構成色立體。

色立體學說的形成經歷了漫長的歷史發展道路。1676 年，英國物理學家牛頓用三棱鏡發現了日光的七色帶，揭開了陽光與自然界一切色彩現象的科學奧秘，形成了由色相環組成的色彩平面圖。這一色相環還不能理想地表述色彩的三個屬性（明度、色相、純度）的相互關係。為此，一些學者先後提出了各自的創見。1772 年，拉姆伯特（Lambert）提出了金字塔式的色彩圖概念。以後，樂琴（Runge，1771—1810）提出了色彩的球體概念。接著，馮特（Wundt，1832—1920）提出了色彩的圓錐概念，還有的學者提出了色彩的雙圓錐概念。這樣，經過 300 多年來的探索和不斷發展完善，在表達色的序列和相互關係上，便從一開始的平面圓錐、多邊形色彩圖發展到現在的空間的立體球形色彩圖——色立體。

色立體，好似一部色彩大辭典，是一部極為科學化、標準化、系統化以及實用化的工具書。

首先，它科學地採用色立體體系編號為色彩定名。以往常用的慣用色名法和基本色名法，雖在實際運用中很普遍，但缺乏科學性與準確性，一般只能用這些色名使人想像色彩的大概面貌，難以準確地運用和傳達色彩信息，更難在國際上進行交流。色

立體定名法是色彩定名標準化的好方法，有利於國際性的色彩交流。色立體還為色彩設計者（包括畫家）提供了豐富的色彩詞彙，可以用來拓寬用色視域，更重要的是提供了一個可以直接感受的抽象色彩世界，它們實際顯現了色彩自身的邏輯關係，並能把如此全面豐富的色彩集合在一起進行細微的比較，啓發藝術家對色彩自由的聯想，以便更富創造性地搭配色彩。

其次，色立體形象地表明了色相、明度、純度間的相互關係，有助於色彩的分類、研究、應用，有助於對對比與調和等色彩規律的理解。建立標準化的色譜，給色彩的使用和管理帶來了很大的方便，尤其對顏料製造和著色物品的工業化生產的標準的確定更為重要。

（2）常用色立體模型

色立體模型粗略的比擬是近似地球的外形——其貫穿球心的中心垂直軸為明度的標尺，上端（「北極」）是高明度白色，下端（「南極」）則是最低明度的黑色，赤道線（類似地球的水平赤道線或傾斜的黃道坐標曲線）為各種標準色相，水平切面均代表同明度水平的可供採用的全部色階（如圖2.4）。

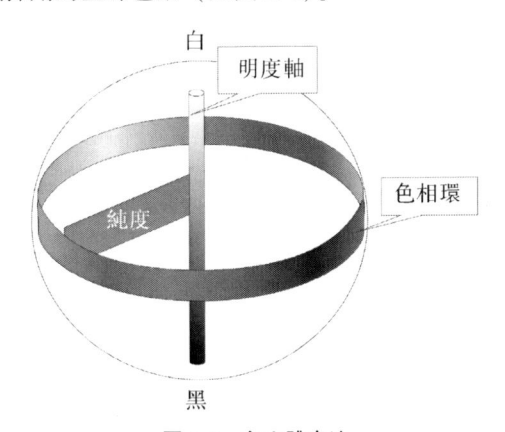

圖2.4 色立體表達

色立體是依據色彩的色相、明度、純度（飽和度）變化關係，借助三維空間，用旋轉圍繞直角坐標的方法，組成一個類似球體的立體模型。

色立體的結構類似於地球儀的形狀，北極為白色、南極為黑色；連接南北兩極貫穿中心的軸為明度標軸；北半球是明色系，南半球是暗色系。色相環的位置在赤道上，球面一點到中心軸的垂直線，表示純度系列標準，越近中心，純度越低，球中心為正灰。愈接近外緣（「地球」的表層）色愈飽和，彩度愈高；愈接近中心垂直軸，其中摻和的同一明度的灰則愈多。因為所有顏色的純色相和相應明度的灰之間的最大數量的飽和等級是在明度的中段展現的，而高明度或低明度的色則分別接近白和黑，所以，在圓錐形或球形色立體模型中，每只標準色相的最大直徑大致是在中間，並向兩極逐漸縮小。

近現代一些研究者對色立體學說眾說紛紜，各有己見，但總的學說歸納起來可分為兩個體系：蒙賽爾（Albert. H. MunSell，1858—1918）和奧斯特瓦德（W. Ostwald，

1853—1932）色系。

　　國際上普遍採用該標色系統作為顏色的分類和標定的辦法。蒙賽爾立體的中心軸無彩色系，從白到黑分為 11 個等級，其色相環主要有 10 個色相組成：紅（R）、黃（Y）、綠（G）、藍（B）、紫（P）以及它們相互的間色黃紅（YR）、綠黃（GY）、藍綠（BG）、紫藍（PB）、紅紫（RP）。R 與 RP 間為 RP+R，RP 與 P 間為 P+RP，P 與 PB 間為 PB+P，PB 與 B 間為 B+PB，B 與 BG 間為 BG+B，BG 與 G 間為 G+BG，G 與 GY 間為 GY+G，GY 與 Y 間為 Y+GY，Y 與 YR 間為 YR+Y，YR 與 R 間為 R+YR。為了做更細的劃分，每個色相又分成 10 個等級。每 5 種主要色相和中間色相的等級定為 5，每種色相都分出 2.5、5、7.5、10 四個色階，共分 40 個色相。

　　任何顏色都用色相/明度/純度（即 H/V/G）表示，如 5R/4/14 表示色相為第 5 號紅色，明度為 4，純度為 14，該色為中間明度，純度為最高的紅。（日本 1978 年 12 月出版了一套顏色樣卡，稱新日本顏色系，包括 5000 種顏色，它是目前國際上最多的顏色圖譜。它也按蒙賽爾色彩圖譜命名，但考慮到蒙賽爾立體中的 40 個色相不能滿足實際上的需要，尤其是在 R 到 Y 和 PB 區間，因而又增加了 1.25R、6.25R、1.25YR、3.75YR、8.75YR、6.25Y、3.75PB、6.25PB 8 個色相，總共 48 個色相，光值即明度，分為 10 個等級，每個等級為 0.5，即由 1~9.5，純度分 14 個等級，每級差為 1，即由 1~14。

　　比較通用的色立體有三種：蒙賽爾立體、奧斯特瓦德色立體、日本研究所的色立體，它們中應用得最廣泛的是蒙賽爾色立體，所用的圖像編輯軟件顏色處理部分大多源自蒙賽爾色立體的標準。

●蒙賽爾色立體

　　蒙賽爾色立體是由美國教育家、色彩學家、美術家蒙賽爾創立的色彩表示法。它是以色彩的三要素為基礎。色相稱為 Hue，簡寫為 H；明度叫做 Value，簡寫為 V；純度為 Chroma，簡稱為 C。色相環以紅（R）、黃（Y）、綠（G）、藍（B）、紫（P）五原色為基礎，再加上它們的中間色相：橙（YR）、黃綠（GY）、藍綠（DG）、藍紫（PB）、紅紫（RP）成為 10 色相，排列順序為順時針。再把每一個色相詳細分為 10 等分，以各色相中央第 5 號為各色相代表，色相總數為 100。如：5R 為紅，5YB 為橙，5Y 為黃等。每種摹本色取 2.5、5、7.5、10 四個色相，共計 40 個色相，在色相環上相對的兩色相為互補關係。

　　蒙賽爾所創建的顏色系統是用顏色立體模型表示顏色的方法。它是一個三維類似球體的空間模型，把物體各種表面色的三種基本屬性色相、明度、飽和度全部表示出來。以顏色的視覺特性來制定顏色分類和標定系統，以按目視色彩感覺等間隔的方式，把各種表面色的特徵表示出來。國際上已廣泛採用蒙賽爾顏色系統作為分類和標定表面色的方法。

　　中央軸代表無彩色黑白系列中性色的明度等級，黑色在底部，白色在頂部，稱為蒙賽爾明度值。它將理想白色定為 10，將理想黑色定為 0。蒙賽爾明度值由 0~10，共分為 11 個在視覺上等距離的等級。在蒙賽爾系統中，顏色樣品離開中央軸的水平距離代表飽和度的變化，稱為蒙賽爾彩度。彩度也分成許多視覺上相等的等級。中央軸上

的中性色彩度為 0，離中央軸愈遠，彩度數值愈大。該系統通常以每兩個彩度等級為間隔製作一顏色樣品。各種顏色的最大彩度是不相同的，個別顏色彩度可達到 20。

●奧斯特瓦德色立體

奧斯特瓦德色立體是由德國科學家、偉大的色彩學家奧斯特瓦德創造的。他的色彩研究涉及的範圍極廣，創造的色彩體系不需要很複雜的光學測定，就能夠把所指定的色彩符號化，為美術家的實際應用提供了工具。

奧斯特瓦德色立體的色相環是以赫林的生理四原色即黃（Yellow）、藍（Ultramarine-blue）、紅（Red）、綠（Sea-green）為基礎，將四色分別放在圓周的四個等分點上，成為兩組補色對。然後再在兩色中間依次增加橙（Orange）、藍綠（Turquoise）、紫（Purple）、黃綠（Leaf-green）四色相，總共八色相，然後每一色相再分為三色相，成為 24 色相的色相環。

色相順序順時針為黃、橙、紅、紫、藍、藍綠、綠、黃綠。取色相環上相對的兩色在回旋板上回旋成為灰色，所以相對的兩色為互補色。並把 24 色相的同色相三角形按色環的順序排列成為一個復圓錐體，就是奧斯特瓦德色立體。

蒙賽爾還有一套面積和色彩比率的算法，相比之下更科學、實用性更強，可以作為重要的參考依據：

在色立體中以明度軸上值為 5 的灰色為中心，兩個色或多個色的關係可以這樣表示——色彩的面積與該色彩到色立體的中心距離相等或呈簡單的倍數時可以得到平衡的調和。可以得到下面的公式：$S_1R_1 = S_2R_2$。其中 S 表示面積，R 表示該色到中心點的距離，R 的值可以在相關的表中查到。

(二) 色彩要素

1. 色相

色相是指色彩的相貌。在可見光譜上，人的視覺能感受到紅、橙、黃、綠、青、藍、紫等不同色彩，為了便於理解和記憶，將其命名並加以區分。色相即人類可以區分這些顏色並命名，或者提到這些顏色的字眼時能夠想像出一個特定的色彩印象。

色相體現著色彩的外表，是色彩的靈魂；在可見光譜中，每一種色相都有自己的波長和頻率，它們從短到長地按照順序排列，就像音樂中的音階順序。例如，以綠色為主色相，就可以有粉綠、草綠、中綠、橄欖綠等色相的變化，它們雖然在綠色中調入了白與灰，明度與飽和度上產生了微弱的差異，但仍然保持了綠色相的基本特色。

在從紅到紫的光譜中，等間地選擇 5 個色，即紅（R）、黃（Y）、藍（B）、綠（G）、紫（P）。相鄰的兩個色相互混合又得到：橙（YR）、黃綠（GY）、藍綠（BG）、藍紫（PB）、紫紅（RP），從而構成一個首位相交的環，被稱為蒙賽爾色相環。

2. 明度

明度表示色彩的強度，即可見光的明暗度。明度高指色彩較明亮、明度低指色彩較灰暗。明度是色彩的骨架，對色彩的結構起著關鍵性的作用；明度最高為白色，最低為黑色，從黑到白中間增加 9 個均勻過渡的灰度階段，被稱為明度尺或明度軸。

明度在色彩三要素中具有較強的獨立性，它可以不帶任何色相特徵而僅依賴黑白

灰的關係單獨呈現出來（即無彩色或灰度級色）；而任何色彩都可以還原為明度關係，如素描、灰度級的黑白照片。

色相與純度則必須依賴一定的明暗才可能顯現，色彩一旦發生，明暗關係就會同時出現。

3. 純度

純度是指色彩的鮮豔程度，它取決於一處顏色的波長的單一程度。人類的視覺能夠分辨出的有色相感的色，都具有一定程度的鮮豔度。在同等明度的條件下，從灰色到純色的變化就是純度。純度越高，色彩越鮮豔；純度越低，色彩越灰暗。

在日常的視覺範圍內，大多數色彩是含灰色的，自然界中純度高的色彩相對較少一些。通常設計師非常善於用色彩來訴求主題，比如用純度較高的色彩來融合氣氛、產生安靜、舒適感；而用純度較高的色彩來突出主題，引人亢奮、激動。

二、色彩調和

色彩調和是一個很複雜的問題，它還涉及視覺的心理平衡、人們的視覺習慣、社會因素等問題。各個領域根據自己行業經驗都有自己的色彩調和理論，不同行業之間的色彩調和理論是不同的。

我們可以這樣來定義色彩調和：使對比的色彩成為不帶尖銳刺激的協調統一的組合，它的總體效果總是要與視覺心理相適應，能滿足視覺的心理平衡，它不單單只是色與色之間的組合問題，還與面積、形狀等色彩賦予對象有關。

色彩調和與時間、區域和欣賞習慣有關。比較通用的色彩調和方式有兩種：共性調和和面積調和。

（一）共性調和

共性調和有三種不同的形式：
- 明度對比調和與色彩調和感覺。
- 去除明度尺的上下兩端白和黑，其余9個階段分成3個基調的低明度基調。
- 中明度基調、高明度基調。

（二）面積調和

面積調和的原則：色彩面積的大小可以改變對比效果，對比色雙方面積越大，調和效果越弱；反之，雙方面積越小，調和效果越強。對比雙方面積均等，調和效果越弱；對比雙方面積相差越大；調和效果越強。只有恰當的面積比才能取得最好的視覺平衡，形成最好的視覺效果。

第三節　配色原則與方法

在明瞭色彩模式、色彩構成與色彩調和的基礎之上，可以進一步掌握配色的組織結構與一般原則。對色彩的認知與學習，是為了最終能進行更好的配色。配色通常是以 24 色相環為基本的組織結構，並在此基礎上遵循配色的原則、掌握配色的工具，經過色彩角色分配，以期達到最終色調統一的配色。

一、色彩的組織結構

在 24 色相環中，以三原色為基礎，由三原色混合產生間色形成六色相，這六個色相中，每兩個色相分別再調出三個色相，便組成了 24 色色相環（如圖 2.5）。

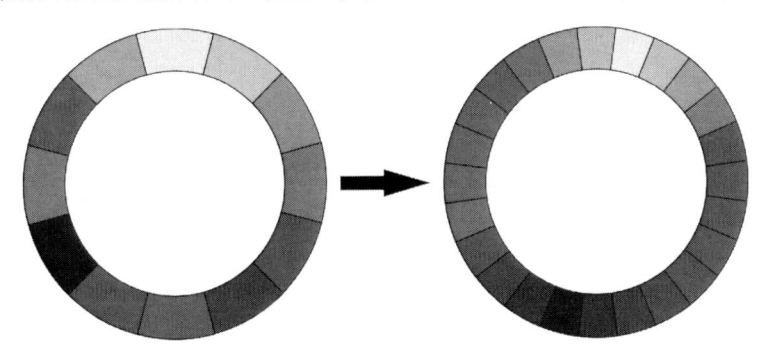

圖 2.5　從 12 色相環到 24 色相環

二、配色的一般原則

配色的一般原則：任何一個色相均可以成為主色，與其他色相組成互補色關係、對比色關係、鄰近色關係和同類色關係的色彩組織。

（一）同類色

同類色是指色環中相距 45 度，或者彼此只相隔二三位的兩色（如圖 2.6）。同類色屬弱對比效果的色組。同類色色相主調十分明確，是極為協調、單純的色調。

圖 2.6　同類色

(二) 鄰近色

鄰近色是指色相環中相距 90 度，或者相隔五六位的兩色（如圖 2.7），屬於中對比效果的色組。鄰近色色相間色彩傾向近似，冷色組或暖色組較明顯，色調統一和諧、感情特性一致。

圖 2.7　鄰近色

(三) 對比色

對比色是指色相環中相距 135 度，或者相隔八九位的兩色（如圖 2.8），屬中強對比效果的色組。色相感鮮明，各色相互排斥，既活潑又強烈。配色時，可通過處理主色與次色的關係達到色組的調和，也可以通過色相之間秩序排列的方式，求得統一和諧的色彩效果。

圖 2.8　對比色

(四) 互補色

互補色為色相環中相距 180 度，或者相隔 12 位的兩色（如圖 2.9），屬最強對比效果的色組。互補色使人的視覺產生刺激性、不安定性的感覺。如果配合不當，容易產生生硬、浮誇、急躁的效果。因此，要通過處理主色相與次色相的面積大小，或者分散形態的方式來調節、緩和過於激烈的對比。

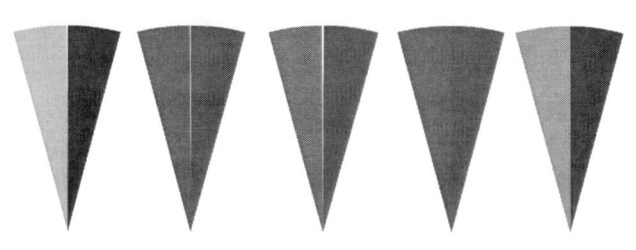

圖 2.9　互補色

三、配色方案設計

(一) 制訂色彩計劃

學習色彩學的目的之一就是讓我們能夠明白哪些顏色放在一起感覺最好，或者舒心、或者突出⋯⋯色相環可以幫助我們建立色彩計劃，即選擇美觀的顏色組合。通常，有6種傳統的色彩計劃（如圖2.10）。

1. 單色計劃

單一的顏色，以及比這個顏色深一點或淺一點的組合。

2. 相鄰色計劃（色相環上的色調統一）

相鄰色計劃即24色相環上的色調統一方案。相鄰色是指一組在色相環上相鄰的顏色，彼此在色相環上相距90度範圍以內；相鄰色相互比較協調，具有相近和相似的色彩，因此當需要表現某種氛圍、格調時，通常會使用相鄰色計劃以實現色調統一的效果。相鄰色計劃即配色原則中同類色的延伸。

相鄰色計劃與同類色的區別在於：同類色是色相環中相距45度之內、彼此只相隔二三位的兩種顏色；相鄰色則是指在色相環上相距90度範圍的多個顏色。

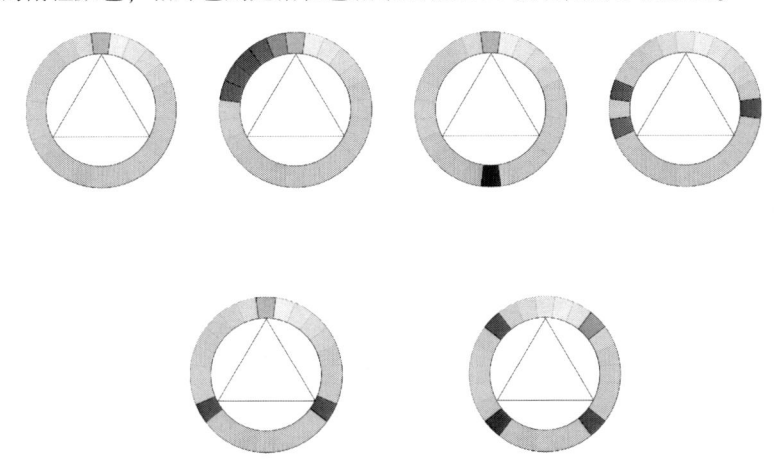

圖2.10　六種傳統色彩計劃

3. 互補色計劃

在色相環上相對的顏色，相距180度；多用於激烈地對比或強調突出。

4. 互補相鄰色計劃

與其互補色相鄰一個或兩個顏色的顏色組合；也用於對比或突出，但激烈或強調程度略低一些。

5. 三角色計劃

在色相環上相隔120度的等距離的3個顏色組合。

6. 四元色計劃

在色相環上相隔90度的等距離的4個顏色組合，恰好是兩個互補色的組合。

(二) 熟悉 24 色相環色彩值

24 色相環的顏色為最常見與最常用的，無論是網頁設計、移動應用設計還是水晶化風格、擬物化風格、扁平化風格設計，都要熟悉與掌握該色彩值；另外，進行色彩方案創新設計，也需要在熟悉 24 色相環的色彩值基礎之上進行，以實現更豐富的顏色方案運用。

為了更好地掌握色彩計劃，將 24 色相環值給出以便掌握（如圖 2.11）。

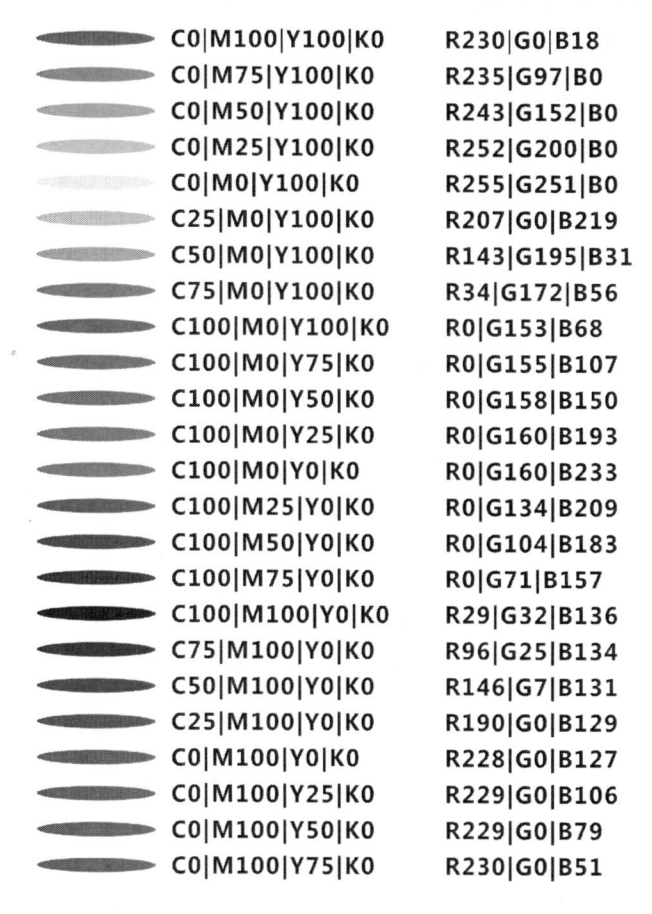

色塊	CMYK	RGB
●	C0|M100|Y100|K0	R230|G0|B18
●	C0|M75|Y100|K0	R235|G97|B0
●	C0|M50|Y100|K0	R243|G152|B0
●	C0|M25|Y100|K0	R252|G200|B0
●	C0|M0|Y100|K0	R255|G251|B0
●	C25|M0|Y100|K0	R207|G0|B219
●	C50|M0|Y100|K0	R143|G195|B31
●	C75|M0|Y100|K0	R34|G172|B56
●	C100|M0|Y100|K0	R0|G153|B68
●	C100|M0|Y75|K0	R0|G155|B107
●	C100|M0|Y50|K0	R0|G158|B150
●	C100|M0|Y25|K0	R0|G160|B193
●	C100|M0|Y0|K0	R0|G160|B233
●	C100|M25|Y0|K0	R0|G134|B209
●	C100|M50|Y0|K0	R0|G104|B183
●	C100|M75|Y0|K0	R0|G71|B157
●	C100|M100|Y0|K0	R29|G32|B136
●	C75|M100|Y0|K0	R96|G25|B134
●	C50|M100|Y0|K0	R146|G7|B131
●	C25|M100|Y0|K0	R190|G0|B129
●	C0|M100|Y0|K0	R228|G0|B127
●	C0|M100|Y25|K0	R229|G0|B106
●	C0|M100|Y50|K0	R229|G0|B79
●	C0|M100|Y75|K0	R230|G0|B51

圖 2.11 24 色相環顏色值（註：GRB 值因軟件不同略有差別）

(三) 充分運用色彩網站與工具

雖然學習色彩方面的知識可以掌握選用協調顏色產生的效果，但在創設色彩方案時，容易遇到色彩設計靈感的困惑。

為了能夠更好地把握色彩，我們可以借助一些工具或網頁來實現，以下是推薦的配色網站：

1. Kuler

Kuler 是一款備受專業網頁設計人員喜愛的工具，它在配色方案中增加了社會化媒

體和網絡因素。這個以 Flash 為基礎的網頁應用軟件可以讓設計人員瀏覽其他使用者所建立的色彩計劃，修改其中的色彩以更符合要求，最後儲存修改後的色彩計劃讓他人參考；還可以用 Adobe 的色板檔案形式來輸出這些色彩計劃。

設計人員使用 Adobe 註冊帳號登錄後就可以創建運用調色板了，並且互相分享（如圖 2.12）。顏色顯示格式包括 RGB、CMYK、LAB 和 HSV。

網址：https://kuler.adobe.com/。

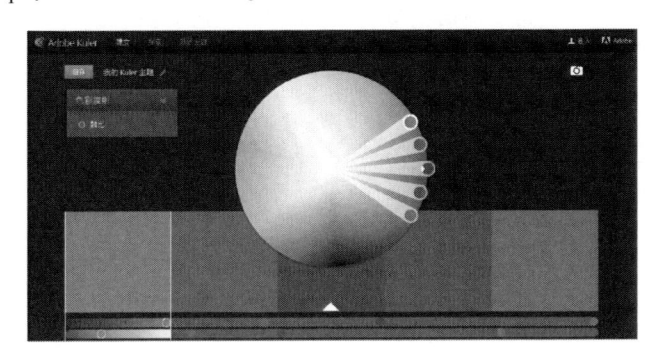

圖 2.12　Kuler 配色網站

2. Color Palette Generator

創作靈感有時候來得很突然，也許偶然在網上看到的一張圖片就會使你產生一個完美的配色方案。這個工具支持上傳 JPG 和 PNG 格式的圖片，並且會對圖片色彩顯示做詳細分解（如圖 2.13）。

這個網站的配色方案通常會使用相鄰色的色調統一配色，使整個場景的風格與你指定的某張圖相匹配，非常簡潔、高效、易用。

網址：http://www.degraeve.com/color-palette/。

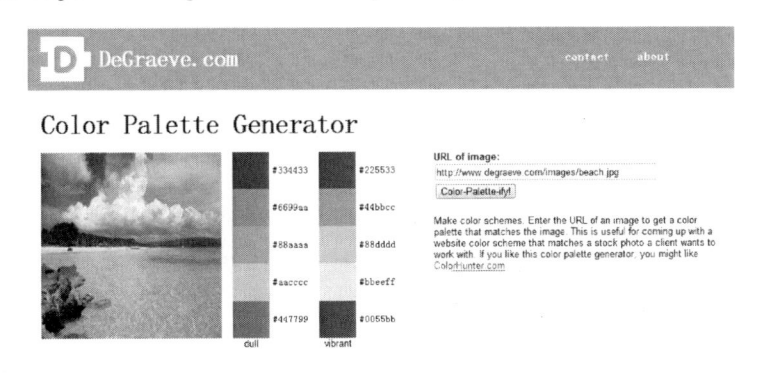

圖 2.13　Color Palette Generator 配色網站

3. Contrast-A

這個工具會根據圖片不同的對比度、亮度和色彩給出一個非常專業的調色板配置明細數據。當你需要創建一個藝術風格網站的時候這是最完美的工具（如圖 2.14）。

網址：http://dasplankton.de/ContrastA/。

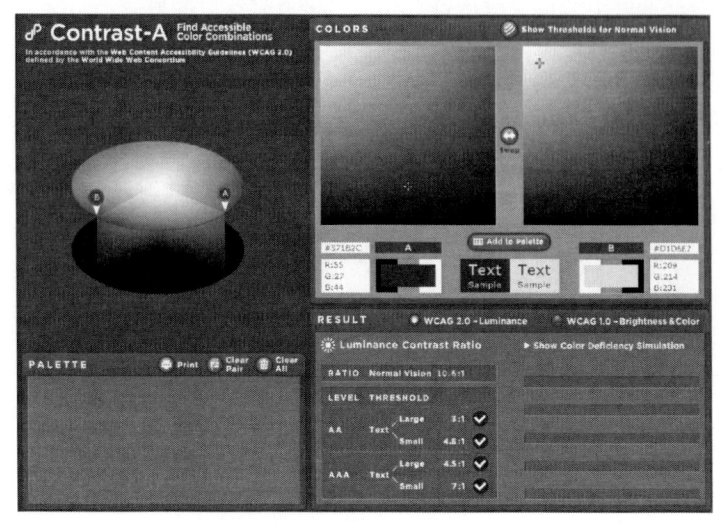

圖 2.14　Contrast-A 調色網站

4. ColorZilla

ColorZilla 是個很流行的火狐瀏覽器插件，它為設計師提供了一種簡單的瀏覽器平臺工具來找到具體顏色數值並且測量它們的不同。它還具有一個配色方案瀏覽器，允許使用者選擇預配置設置的顏色，該網站容易使用而且功能極其豐富（如圖 2.15）。

網址：http://www.colorzilla.com/firefox/。

圖 2.15　ColorZilla 火狐瀏覽器配色插件

5. 其他配色網站

使用配色網站給出的配色方案，將節省不少時間，同時還能夠參考其他優秀設計人員的思想，提高自己對色彩的把握能力。除了前述幾個知名網站之外，其他的配色網站如表 2.2 所示。

表 2.2　　　　　　　　　　　　　其他配色網站

網址	備註
http://www.peise.net/	一個中文配色網站
http://tool.c7sky.com/webcolor/	網頁設計常用色彩搭配表,省心給力
http://nipponcolors.com/	一個日本風格的配色網站
http://www.peise.net/tools/web/	
http://paletton.com/	
http://www.colourlovers.com/	
http://ww.visibone.com/color/	
http://www.colorexplorer.com/colorpicker.aspx	
http://www.colorschemer.com/online.html	
http://www.colorhunter.com/	
http://www.colortoy.net/	

（四）色彩的角色分配

色彩的搭配是按功能角色劃分的，通常包括五個部分，分別是主調色、配角色、支配色、融合色、強調色。

1. 主調色

主角通常是電影、戲劇的靈魂人物，主角的個性彰顯給人印象深刻。在視覺營銷的交互場景中，主調色就是要起到傳達主題思想的作用。

如圖 2.16，這是一個以肉色為主調色的運用示例，場景中大面積的肉色定義了其嬰兒產品的基調。

圖 2.16　肉色的為主調色的運用示例

2. 配角色

配角色對主調色起到一定程度的襯托作用，通常採用相鄰色計劃或同類色來襯托主調色。

如圖 2.17，多種玫紅色及其相鄰色、近似色（花瓣、彩雲、背景暗紋等）組合起

來成為主調色（玫紅的心型圖案）的配角色，極好地烘托了浪漫的七夕氛圍。在這種氛圍的色彩中，文字及傳播的思想得以突出。

圖 2.17　多種相鄰色作為配角色的運用示例

3. 背景色

當網頁或場景去烘托主題、強調中心思想的時候，背景色將決定觀察者的整體印象。

如圖 2.18，淡雅的小清新風格作為背景色，讓人安靜而放鬆，很好地讓主體得到了凸顯。

圖 2.18　風格淡雅的背景色易於突出任何配色的主體

4. 融合色

融合色是能夠融在一起的顏色，通常採用相同或相似的顏色在畫面的不同部分反覆出現，以使整個頁面風格統一、前後呼應。當整個頁面採用融合色的原理選擇配色方案的時候，融合色在畫面上距離越遠，產生的共鳴和呼應效果就越強烈；不能靠得太近喪失靈動。如果希望頁面出現使人印象深刻的融合色，則盡可能選擇鮮豔的色彩。

如圖 2.19，酒紅色的橫條反覆出現，使頁面完整地融合在了一起，當頁面使用垂直滾動方式時，更遠的距離將延伸這種呼應效果。

圖 2.19　反覆出現的融合色

5. 強調色

如果整體頁面的顏色比較暗淡、壓抑，畫面整體上就會呈現出灰暗的色調。可以考慮在較小面積上使用對比強烈、明度和純度較高的顏色，可以起到著重、強調的作用，即強調色。因為重點的突出將會使整個畫面產生動感，激活觀看者的視覺感受。

如圖 2.20，整體畫面以深灰、淺灰等純度低的色彩為基調，這時加入明度和純度均較高的橙色作為強調色，強調的效果立即顯示出來了。

圖 2.20　以橙色為強調色在灰暗的頁面中得以突出

（五）色調統一的配色過程

色調統一的配色取自 24 色相環中的同類色及其變化，在相鄰色計劃的基礎上加入明度、純度等因素變化而成。這在實際的個性化或場景化網頁、風格明朗的移動應用界面等應用過程中非常普遍，給人印象深刻卻又不過分刺激（如圖 2.21）。

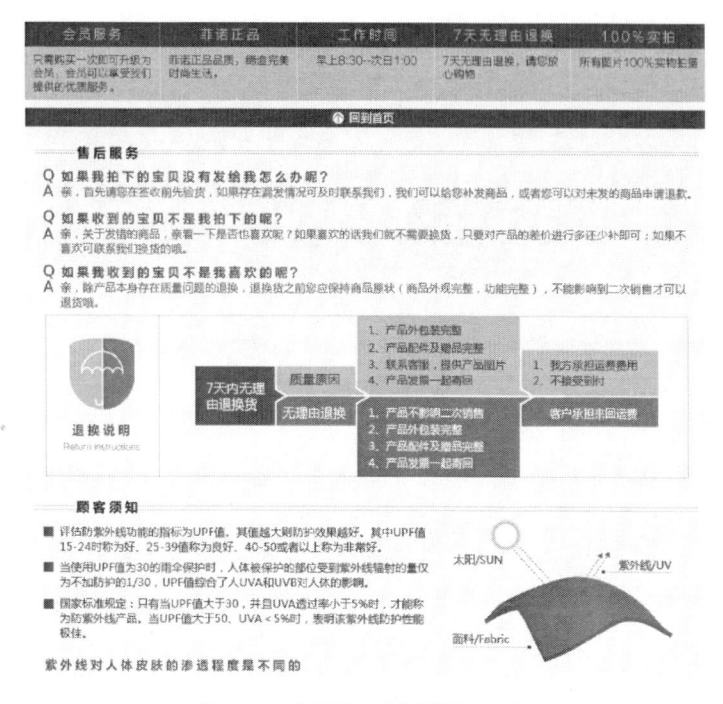

圖 2.21　色調統一的網頁局部示例

色調統一的配色過程，就是以色彩勾勒場景的基本風格，可以參考前面的色彩計劃、角色分配，也可以運用色彩網站與工具來完成這個過程。無論哪種方案，都是一個視覺營銷交互界面的必須要強調的過程。

1. 相鄰色計劃直接運用以吸引眼球

相鄰色計劃已經有很明顯的效果，通過類似於彩虹的部分，顏色鮮豔、對比也不過分強烈，非常賞心悅目、吸引眼球（如圖 2.22、圖 2.23、圖 2.24）。

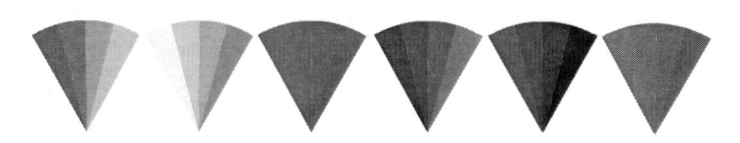

圖 2.22　相鄰色計劃的直接運用

圖 2.23　相鄰色計劃直接運用示例一

圖 2.24　相鄰色計劃直接運用示例二

2. 相鄰色計劃中變化明度與純度以釋放緊張感

相鄰色計劃中，通過減輕純度（加入一定比例的灰度）、或增減明度（更白或更黑）來達到效果（如圖 2.25）。

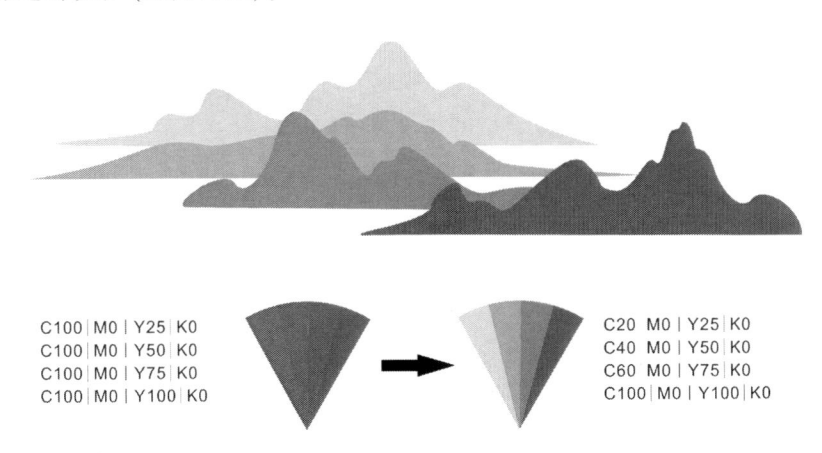

C100 | M0 | Y25 | K0
C100 | M0 | Y50 | K0
C100 | M0 | Y75 | K0
C100 | M0 | Y100 | K0

C20 | M0 | Y25 | K0
C40 | M0 | Y50 | K0
C60 | M0 | Y75 | K0
C100 | M0 | Y100 | K0

圖 2.25　相鄰色計劃中變化明度與純度的示例

第四節　心理色彩及色彩象徵

除了從色彩科學的角度來理解與掌握色彩外，在心理學方面仍然有許多可供探討的話題。因此，心理色彩以區別於色度學中的顏色被明確出來，並被賦予一定的象徵意義。色彩的直觀感受和色彩的心理錯覺也彰顯出色彩的心理學價值。

一、心理色彩

(一) 心理色彩

純粹色彩科學稱為色彩工程學，包括表色法、測色法、色彩計劃設計、色彩調節、色彩管理等；而色度學則是研究人眼對顏色感覺規律的一門科學，每個人的視覺並不是完全一樣的。

日常生活中觀察的顏色在很大程度上受心理因素的影響，形成心理顏色視覺感，即心理色彩。在色度學中，顏色的命名是三刺激值（X、Y、Z），（R、G、B），色相、明度、純度、主波長等。然而，在實際工作中則習慣用桃紅、金黃、翠綠、天藍、亮不亮、濃淡、鮮不鮮等來表示及形容顏色，這些通俗的表達方法，不如色度學的命名準確，名稱也不統一。根據這些名稱的共同特徵，大致可分為三組：

● 將色相、色光、色彩表示歸納為一組。
● 將明度、亮度、深淺度、明暗度、層次表示歸納為一組。
● 將飽和度、鮮度、純度、彩度、色正不正等表示歸納為一組。

這樣的分組只是一種感覺，沒有嚴格的定義，彼此的含義不完全相同。例如，色相不等於色光，明度也不等於亮度，飽和度也不完全等同於純度、鮮度、深淺度。不過，在判斷顏色時，它們也是三個變數，大致能和色度學中三個變數相對應。

(二) 色度學顏色概念與心理色彩概念的區別

心理顏色視覺的名稱雖然和色度學中的幾個物理量相對應，但這種對應關係不是簡單的正比關係，也不是一對一的關係，它們之間有許多不同的特徵。

1. 純度/飽和度

色度學中的純度分為刺激純和色度純兩種。認為白光的純度為零，一切單色光的純度（不分刺激純或色度純）均為1。

色度純的定義為，色光中所含單色光的比例，表示某顏色與某中性色或白光的接近程度，但心理顏色視覺在分辨色光與中性色的區別時，卻認為各個單色光的純度並不是一樣的。同樣的單色光，黃、綠和白光的差別不大，紅、藍和白光的差別顯著。所以心理上認為，黃色光儘管也是單色光，但純度卻比藍色光低些。這些心理上的顏色與白光的差別，通常稱為飽和度，以區別於色度學上的純度。

2. 亮度/明度

心理上的亮度又可分為兩種，一種是聯繫到物體的亮度，另一種是不聯繫物體的亮度。例如通過一個小孔觀察物體的表面，這時觀察者看不見物體，無法聯繫物體來判斷亮度，但它也與色度學中的亮度有差別，為了把物體表面的光亮和色度學中的亮度分開，稱它為明度。

3. 混合色

在混合色方面，心理顏色和色度學的顏色也不相同，當看到橙色時，人們會感到它是紅與黃的混合，看到紫紅色時，會感到它是藍與紅的混合等。不過，在看到黃光時，卻不會感到黃光可以由紅光和綠光混合而成。在心理顏色視覺上一切色彩好像不能由其他顏色混合出來。一般覺得，顏色有紅中帶黃的橙、綠中帶藍的青綠、綠中帶黃的草綠——卻沒有黃中帶藍或紅中帶綠的顏色。

因此在心理上把色彩分為紅、黃、綠、藍四種，並稱為四原色。通常紅—綠、黃—藍稱為心理補色。任何人都不會想像白色從這四個原色中混合出來，黑也不能從其他顏色混合出來。所以，紅、黃、綠、藍加上白和黑，成為心理顏色視覺上的六種基本感覺。儘管在物理上黑是人眼不受光的情形，但在心理上許多人卻認為不受光只是沒有感覺，而黑確實是一種感覺。

二、色彩象徵意義

（一）黑色

象徵權威、高雅、低調、創意；也意味著執著、冷漠、防禦、正式、干練、崇高、嚴肅、堅實、強壯、黑暗、恐怖、絕望、死亡等。

（二）灰色

象徵誠懇、沉穩、考究。其中的鐵灰、炭灰、暗灰，在無形中散發出智能、成功、權威等強烈訊息；中灰與淡灰色則帶有哲學家的沉靜。

（三）白色

象徵純潔、神聖、善良、聖潔、純真、樸素、明快、柔弱、虛無、信任與開放；但身上白色面積太大，會給人疏離、夢幻的感覺。

（四）棕色

典雅中蘊含安定、沉靜、平和、親切、穩定、中立等意象，給人情緒穩定、容易相處的感覺。棕色常可以讓人聯想到泥土、自然、簡樸，給人以可靠、有益健康和保守的感覺。棕色的同系色較多，如卡其色、沙土色、栗色等，有時也用來表達秋冬及溫暖。

（五）紅色

紅色象徵熱情、性感、權威、自信、活潑、流血、緊張、喜慶，是個能量充沛的

色彩。

紅色意味著全然的自我、全然的自信、全然的要別人注意你。不過有時候會給人血腥、暴力、忌妒、控制的印象，容易造成心理壓力。當你想要在大型場合中展現自信與權威的時候，可以讓紅色來助力。

紅色系易於把握，可以用於多種類型的場合。紅色系的一些變化，相對更容易讓人接受，如酒紅、玫紅、粉紅、桃紅、暗紅等。

（六）橙色

橙色給人親切、坦率、開朗、健康的感覺，代表光明、甜蜜、快樂、創造力、野心、娛樂、積極、華麗、豪爽、振奮、慷慨等；介於橙色和粉紅色之間的粉橘色，則是浪漫中帶著成熟的色彩，讓人感到安適、放心。橙色是從事社會服務工作時，特別是需要陽光般的溫情時最適合的色彩；橙色也比較適用於食品、創意家居、圖書等領域。

（七）黃色

黃色是明度極高的顏色，能刺激大腦中與焦慮有關的區域，具有警告的效果。黃色也代表明朗、愉快、高貴、希望、發展、注意、智慧、想像力、權利、尊貴等。

豔黃色象徵信心、聰明、希望；淡黃色顯得天真、浪漫、嬌嫩。純淨的黃色給人以溫暖明亮的舒心感，也可以給人以時尚、歡快的自信感；當搭配草綠或湖藍、天藍等亮色系時，可以營造年青、活躍的明澈感。

（八）綠色

綠色代表安詳、柔和、春天、植物、和平、生命、希望等，它是由藍色和黃色混合而成，可以消除緊張感。

綠色給人無限的安全感受，在人際關係的協調上可扮演重要的角色。綠色象徵自由和平、新鮮舒適；黃綠色給人清新、有活力、快樂的感受；明度較低的草綠、墨綠、橄欖綠則給人沉穩、知性的印象。

綠色的負面意義，暗示了隱藏、被動，不小心就會穿出沒有創意、出世的感覺，在團體中容易失去參與感，所以在搭配上需要其他色彩來調和。綠色是參加任何環保、動物保育活動、休閒活動時很適合的顏色，主要用於環保用品、食品、戶外活動、保健品等。

（九）藍色

藍色是靈性知性兼具的色彩，代表深邃、憂鬱、寒冷、清澈、智慧等，在色彩心理學的測試中發現幾乎沒有人對藍色反感。明亮的天空藍，象徵希望、理想、獨立；暗沉的藍，意味著誠實、信賴與權威。正藍、寶藍在熱情中帶著堅定與智能；淡藍、粉藍可以讓自己和對方完全放鬆。藍色在美術設計上，是應用度最廣的顏色；在穿著上，同樣也是最沒有禁忌的顏色。

（十）紫色

紫色是優雅、浪漫，並且具有哲學家氣質的顏色，同時也散發著憂鬱的氣息，代表高貴、魅力、神祕、聲望等。

紫色的光波最短，在自然界中較少見到，所以被引申為象徵高貴的色彩。淡紫色的浪漫，不同於粉紅小女孩式的，而是像隔著一層薄紗，帶有高貴、神祕、高不可攀的感覺，可以表現女性的優雅與溫柔；而深紫色、豔紫色則是魅力十足、有點狂野又難以探測的華麗浪漫。

三、色彩的心理學價值

（一）色彩的直觀感受

人常常感受到色彩對自己心理的影響，這些影響總是在不知不覺中發生作用，左右我們的情緒。色彩的心理效應發生在不同層次中，有些屬直接的刺激，有些要通過間接的聯想，更高層次則涉及人的觀念與信仰。

色彩的直接性心理效應來自色彩的物理光刺激對人的生理發生的直接影響。心理學家曾做過許多實驗，他們發現在紅色環境中，人的脈搏會加快，血壓有所升高，情緒容易興奮衝動；而處在藍色環境中，脈搏會減緩，情緒也較沉靜。有的科學家發現，顏色能影響腦電波，腦電波對紅色的反應是警覺，對藍色的反應是放鬆，這些經驗都向我們明確地肯定了色彩對人心理的影響。

（二）色彩的心理錯覺分類

依據心理錯覺對色彩的物理性分類，人們對顏色的物質性印象，大致分為冷暖兩個色系。波長長的紅光和橙光、黃色光，本身有暖和感，以此光照射到任何色都會有暖和感。相反，波長短的紫色光、藍色光、綠色光，有寒冷的感覺。夏日，我們關掉室內的白熾燈光，打開日光燈，就會有一種變涼爽的感覺。

冷色與暖色除去給我們以溫度上的不同感覺外，還會帶來其他的一些感受。例如，重量感、濕度感等。比方說，暖色偏重，冷色偏輕；暖色有密度強的感覺，冷色有稀薄的感覺；兩者相比較，冷色的透明感更強，暖色則透明感較弱；冷色顯得濕潤，暖色顯得干燥；冷色有退遠的感覺，暖色則有迫近感。這些感覺都是偏向於對物理方面的印象，但卻不是物理的真實，而是受我們的心理作用而產生的主觀印象，它屬於一種心理錯覺。

因此，善於運用心理色彩及色彩的象徵意義，將有利於提升我們在網絡視覺營銷過程中的針對性，實現營銷的預期目標。

☆本章思考

1. RGB 和 CMYK 色彩模式分別適用於哪些場合？為什麼要進行這樣的區分？經過網上查證，還有其他色彩模式存在嗎？

2. 色相環和色立體在構成上有什麼區別？有了相對簡單的色相環以後，為什麼還有相對複雜的色立體？

3. 色相、明度、純度分別代表色彩要素哪些方面的變化？如果你要將一張照片在這三個要素上進行調節，可能會導致哪些效果產生？

4. 為什麼要進行色彩調和？現實意義何在？

5. 配色的原則和方法是什麼？

6. 嘗試利用各配色網站進行配色。

第二編 視覺傳達與用戶體驗原理

網絡視覺營銷過程中，充斥著各種營銷、設計、用戶識別、用戶體驗等基礎設計原則。心理學與行為學在用戶體驗中得以交織，並以切實的實踐加以應用。為了達成網絡視覺營銷的最佳效果，就必須引入傳播學、心理學、人機工程學、設計學等多學科的研究成果加以指導。

網絡改變了傳統媒體中作品創作及傳播的模式，把用戶作為重要的維度引入作品的創作和傳播過程中，將傳統媒體的受眾從被動接受信息的欣賞者轉變為主動參與創作的創作者，從而模糊了受眾和創作者之間的界限，將兩者合為「用戶」這一角色。網絡媒體的交互更是一種「流動」，形成信源與信宿雙方的一種溝通。不僅如此，網絡交互過程中，用戶可以通過多次交互體驗（如電腦游戲或手機游戲），形成多種體驗效果。在這個過程中，進一步形成多種網絡交互特點：

● 小眾亞文化圈

在網絡交互的過程中，相同興趣愛好或者對相關主題關注的人會逐漸聚合在一起，形成一個小眾的亞文化圈，例如騰訊 QQ 中的 QQ 群、微信中的微信群和朋友圈、專業性的論壇、游戲公社、墨跡天氣的街景、淘寶秒殺群、各家團購網等。小眾亞文化圈具有鮮明的個性特點，用戶需求的小眾化能更加有針對性地滿足用戶的特有需求。

例如，「爬行天下」是一家專門討論非常罕見的寵物的網站（如圖2），在這裡你見不到尋常的貓狗，而可以見到蜥蜴、蜘蛛、蜈蚣等常人難以接受或少見的動物。畢竟在身邊的朋友中，養另類寵物的人比較少。那麼當他們需要進行一些飼養方面的心得交流，甚至購買一些專用的飼養器具的時候，常規的寵物網站就不能滿足其要求了。它不僅有自己的專有論壇，還有專有的購物網站，這樣將非常方便用戶的使用。

因此，專業化的小眾亞文化圈有其特有的存在價值和市場。

網絡視覺營銷

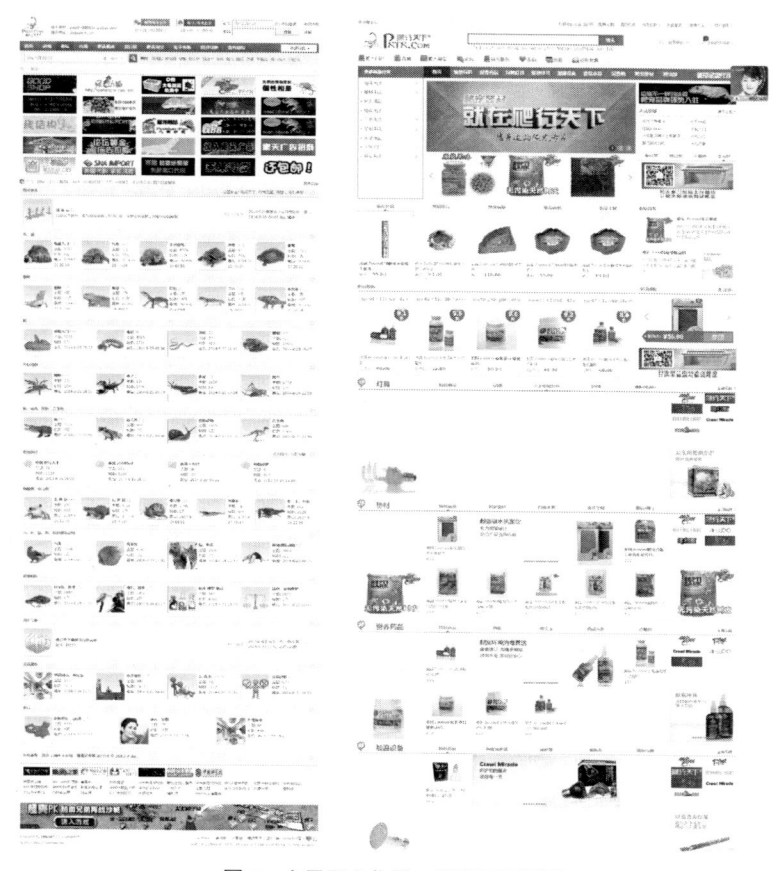

圖2 小眾亞文化圈：爬行天下網頁

● 共享開放

網絡交互也帶來了網絡信息的共享，如百度百科、知乎、百度知道、各類音頻視頻網站、博客、微博、QQ空間等都是網絡共享的集散地，大量的知識或經驗、圖片、音樂在這裡集聚，形成一種共享和開放的機制。而這一種機制又反過來進一步激活網絡交互的共享，實現有效的信息資源共享。

● 即時交互性

網絡的即時性體現在用戶與頁面的及時交互上，最新的訊息往往最先從網絡上開始流傳，最能夠形成良好的交互效果。如QQ聊天工具、微博點讚機制等。

● 虛擬性

虛擬性是指網絡交互過程中參與者的虛擬者身分，雖然每個人在現實生活中都有各自的真實身分，但在網絡上卻能夠以虛擬的網名參與虛擬或實際的活動。甚至有些活動在線下進行時，真實的人物依然沿用網上虛擬的網名來相互稱謂。

網絡交互媒體的特點，催發了與傳統媒體明顯不同的、交互性更強的視聽感受和娛樂體驗，並帶來了不同於傳統媒體的設計方式——交互式設計。為了能夠更準確地尋求用戶的視覺需求點，用戶識別、用戶體驗關注、信息架構、要素設計和文案設計的方法就越來越被看重。

第三章　視覺語言與傳達

為了能夠更好地認知視覺，人們不斷地研究與視覺相關的一些科學原理，這其中，感知的視覺語言與視覺傳達成了其中重點的研究對象。視覺的建構過程和視覺的認知與感知過程需要眼睛和大腦的共同工作，在其基礎上不少人對視覺知覺提出了自己的研究理論，其中運用最廣的就是格式塔原理。

第一節　感知的視覺語言

對於感覺與體驗，人類最直接的是「看」，如「眼見為實」「百聞不如一見」等，均是強調觀看能夠給我們帶來確鑿的證據。以至於我們非常相信我們的眼睛，不過眼睛看到的事物真的可靠嗎？生物學家弗蘭西斯・克里克（Francis Crick）則有完全不同的解釋，他認為：「你看見的東西並不一定真正存在，而是你的大腦認為它存在。在很多情況下，它確實與視覺世界的特性相符合；但在某些情況下，盲目相信看見的可能導致錯誤。」

如圖 3.1，這是一堆圍在一起的尖刺，但其外形卻勾勒出了一個虛擬的球形；雖然我們看不見這個球形，但卻能感知這個球的輪廓。

圖 3.1　長刺的球

如圖 3.2，這個看起來像燭臺的造型，其左右兩邊的空白處卻似相對的人的側臉。

圖 3.2　燭臺還是側臉

如圖 3.3，在交叉線中的白色小圓點看起來一直在跳動不停，一會兒變成白色，一會兒變成黑色。

圖 3.3　小圓點在跳動嗎

如圖 3.4，兩根相對較粗的豎線看起來是彎的，但真是彎的嗎？用尺子測量一下便知。

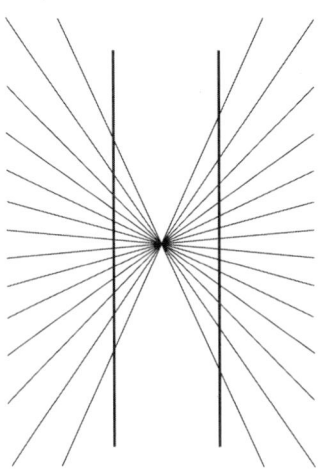

圖 3.4　粗線是彎曲的嗎

如圖 3.5，看起來像一個螺旋的圖形，但仔細找的時候卻發現原來是一堆同心圓。

圖 3.5　是一個螺旋嗎

其實，眼見未必為實。是什麼在影響我們觀看的效果？原來眼睛不僅在觀看的時候在「看」，也同時在理解。因此，「看」未必就是「看見」。

在心理學上，感覺和知覺可以對上述現象稍做解釋。「感覺」是指感覺器官搜集有關環境信息的過程，是當前作用於感覺器官的事物的個別屬性在頭腦中的反應。「知覺」是指大腦選擇、組織和解釋感覺的過程，是作用於當前感覺器官的事物的各種屬性、各個部分的整體在人們頭腦中的反應。感覺和知覺是人體的感覺器官的生理功能和大腦之間的配合過程，同時也是人們對事物從局部到整體的理解過程。如果僅僅是把信息搜集起來，則只完成了感覺過程，對信息形成了一個初步印象，但實際上並未理解和消化這些信息。視覺系統在處理信息的工作過程中，也存在著從感覺到知覺的現象，只有眼睛和大腦協同工作才能實現從「看」到「看見」的整個過程。

認知心理學研究者們一直致力於對這些認知現象的研究，探討人們辨認、分析、處理、理解信息的整個過程的奧秘。由於眼睛是人類獲取信息的重要器官，因此視覺認知被認為是認知研究的重點部分，也是所有認知研究中最為充分的。

一、視覺建構

(一) 視覺的建構過程

早期那種認為視覺系統是一種簡單記錄的觀點已經被否定了，其實我們在觀看事物時，很容易被視覺系統所欺騙。因為我們不僅僅是讓眼睛的記錄直接反應到大腦中，大腦在其中還有一個構建的過程。

首先，眼睛僅能夠把獲取的信息傳遞給大腦，卻不對事物本身的含義進行判斷。大腦將接力這份工作，對眼睛傳遞的信息進行更深一層的加工。當缺乏參照系或者存在錯誤的誘導，我們可能會產生視覺的錯誤認知。

其次，觀看本身是一種主動行為，如果熟視無睹則必然是因為司空見慣，或者沒有足夠的興趣點來調動大腦的主動行為。因此，只有特別值得注意的圖像才會被大腦進行甄別處理，進而產生認知。

最後，觀看的過程需要逐步構建，通過瞭解→感覺→選擇→理解→記憶→認知→瞭解，形成一個循環往復的認知過程。在這個過程中，以往的經驗將會影響觀看的信息構建結果。比如，我們看見一個笑臉的表情，可以根據經驗分析出這個笑臉的表情是出於善意還是惡意；或者根據一幅圖像，看出其中隱含的意思，這些就是需要大腦參與的複雜視覺構建過程。

(二) 視覺的認知與感知過程

1. 眼睛的工作過程

物體反射的光線通過角膜後，在晶狀體的作用下精確聚焦，穿透玻璃體到達視網膜並成像。視網膜由 1.26 億個視覺細胞組成，這些視覺細胞將光線轉換為生物電，再通過視神經達到大腦，最終在視覺皮層形成視覺形象（如圖 3.6）。

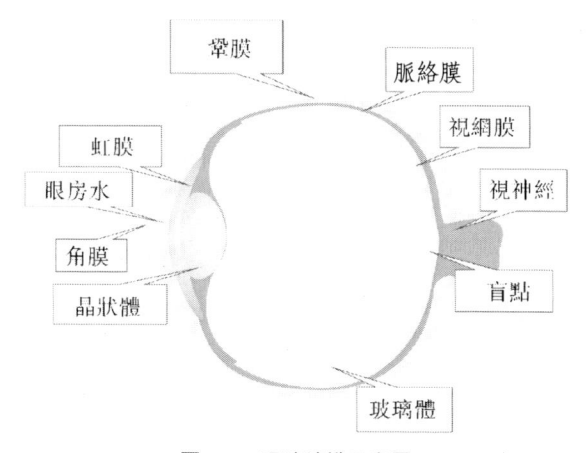

圖 3.6 眼睛結構示意圖

角膜的作用是降低光線速度，調整光線的方向。晶狀體則負責調焦。當物距變化時，睫狀肌將通過收縮來改變晶狀體形狀以實現準確對焦。

虹膜中間為瞳孔，虹膜組織中有調節瞳孔大小的肌肉，通過控製瞳孔大小，可以使光線在到達視網膜上時亮度適宜。

視網膜是由多層視神經細胞組成的網狀結構，其中 1.2 億個視杆細胞負責感受光線和形狀，0.06 億個視椎細胞負責感受色彩。物體在視網膜上是倒像，直到由視神經傳遞到大腦後被糾正過來。

視網膜連接的視神經具備高速的視覺信息傳輸能力，將視覺信息傳遞給大腦處理。

2. 大腦視皮層的工作過程

眼睛搜集視覺信息後，通過視神經傳遞給大腦的丘腦，再進一步發送到負責破譯視覺信號的大腦視皮層。視皮層是接受視網膜信息的第一個區域，這些大腦細胞對所接受的刺激建立起視覺形象的對應關係，在此視覺信息形成視覺形象。

視覺信息的傳輸還有另一條快捷路徑，即不通過視皮層，直接傳遞到達杏仁核（Amygdala，大腦底部的杏仁狀部分）。這條快捷路徑用於傳遞恐懼感，不通過複雜的高級神經活動以最快地產生躲避反應。

3. 視覺知覺的產生

視覺信息經視網膜、視神經、丘腦、視皮層已經被大腦辨認出來了，但大腦並不會把視覺信息的影像簡單地進行上傳下載或存儲，而需要進一步進行認知加工，對其顏色、形狀等進行整體上的認知，把片斷屬性融合起來，形成圖像的辨認。

從視網膜上獲得的最低層次的視覺信息，到最後完成視覺知覺的形成，其間要經過若干層次。這個認知形成的過程，並非獨立展開的，而是作為一個整體，在大腦視皮層的不同區域和不同層次同時展開，同時進行著複雜的處理。

如圖 3.7，場景是一個縱深的街景，這樣產生了遠近的效果。街邊的樹木近大遠小，但我們的視覺認知卻認為遠處的樹其實和近處的是一樣大，只是因為距離遠而「顯得」小。再如，圖中有人物 A、B、C，我們會認為人物 A 大於 C，因為 A 距離我們較遠，而 C 距離我們較近且旁邊又有高大的人物 B 做參照；其實，圖中的人物 A 和 C 從視平面上看是一樣大的，但當我們將這幅圖理解為立體的縱深場景時，我們會認為人物 A 大於人物 C——這就是視知覺的形成。

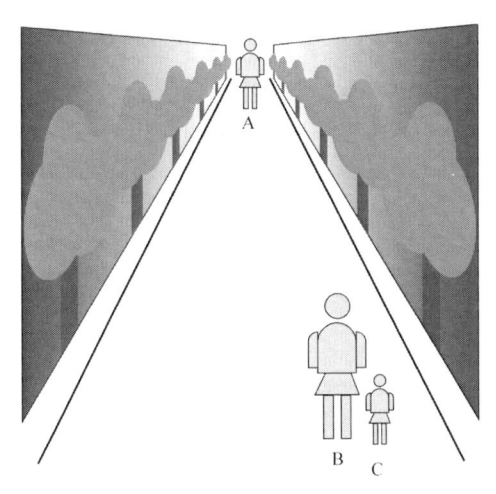

圖 3.7　縱深場景中的大小感

大腦對於視覺信息的認知分別從顏色、運動、形狀、空間來處理。

（1）色彩認知

一般的理解是，眼睛把對顏色的光線刺激傳遞給視網膜，再傳遞到大腦，應該是對顏色的直觀反應。不過實際上，人對於色彩的理解卻有所不同。

首先，色彩認知具備恒常性。

大腦中存在著對色彩校正的機制。當光源顏色發生變化時，照相機拍下的場景也會因光源顏色發生變化。

例如，黃色燈光下拍出的照片中的場景顏色普遍偏黃，但人眼在看到當時的場景時，卻不認為有那麼黃；清晨的時候拍攝，相片會讓人感覺場景偏青藍，但人眼看到當時的場景時，卻不認為有那麼藍。大腦對於色彩的分辨，不僅參考了它本身的特點，同時還參考了周圍環境的特徵，從而得出一個綜合的反應，這個反應是相對恒定的。

如圖3.8，在太陽光的照射下，朱纓花的葉子看起來偏黃。其實現場看起來沒那麼黃，因為相機不會修正這種色差，而我們的大腦會修正。

圖3.8 陽光照射下的朱纓花

其次，色彩認知具備記憶性。

對色彩感知還取決於實際感覺數據和大腦中記憶展開的某種顏色的想像。即對現實信息的反饋與記憶結合在一起，最終形成對所看到的顏色的感知。

例如，我們看見顏色更紅的西紅柿會認為它更成熟，顏色更青的西紅柿則被認為沒有成熟，黃色的西紅柿則認為是半成熟的。這種對色彩的認知取決於以往的經驗認知。

如圖3.9，這種顏色鮮豔的野果給人感覺是香甜、可口的，但它的味道卻非常酸澀，顯然是這種橙紅色的外表欺騙了我們的色彩感知經驗。

圖3.9 顏色鮮豔的野果

（2）運動認知

運動認知也經歷了從眼睛到大腦的處理過程，大體可以分為真動知覺、似動知覺和誘動知覺。

● 真動知覺

真動知覺是指物體確實發生了運動，人眼也正確感知到了這種運動。比如在實際場景中看到的飛機飛過天際，小狗從眼前跑開等。

● 似動知覺

似動知覺利用了視覺暫留現象，即看到圖像之後 0.1 秒，大腦依然保持之前看到的圖像，這種現象被用做走馬燈、電影和電視的工作原理。於是，同樣是飛機飛過天際等運動圖像，如果是從電視或電影裡看到的，就屬於利用了視覺暫留現象的似動知覺。

電影或電視充分運用了這種視覺暫留現象，以每秒 24~30 幀、具備一定位置差的圖像串起來播放，這樣就在我們大腦中形成了連貫的運動圖像，即似動知覺。

● 誘動知覺

誘動知覺則是對靜止畫面產生的運動錯覺。物體本身是靜止的，但由於背景的移動，因此產生了背景靜止、物體運動的錯覺。

例如，在火車錯車的時候，自己所乘的火車靜止，旁邊經過的火車運動；但從自己所在靜止的火車窗口看出去，有種「那列運動的火車仿佛沒有動，而自己所在的火車正在飛馳」的感覺。這個原理，也被用於製作影視特效，比如電影中一些危險的特技動作，其實可能是通過電腦特效更換了一個運動的背景（之前的前景與主角拍攝通常會放在一個綠色的背景裡，然後用特效軟件將綠色背景「摳」掉，替換上另外的運動背景進行疊加、合成）。

如圖 3.10，當攝影師與跳傘者保持同一下降速度時，跳傘者仿佛是靜止的，而天空和大地的遠近在發生變化。

圖 3.10　攝影師與跳傘者同一下降速度時的靜止感
圖片來源：www.91feizhuliu.com。

（3）形狀認知

眼睛對形狀的認知是視覺、觸覺協同活動的結果。由於形狀的變化繁多，大腦根據記憶中的模板進行迅速匹配，並根據逐漸增多的特徵經驗修正記憶模板，使形象與記憶模板中的特徵相符以形成認知。形狀認知研究的理論基礎是格式塔理論，其中包

括圖形和背景、相似性、接近性、連續性、簡潔性和完整性等。

（4）空間認知

投向視網膜上的二維圖像如何在大腦裡進行三維空間的還原是一個難題。通常我們從單眼和雙眼對視像的深度來進行判斷。

①單眼

有時，僅憑單眼就可以對空間遠近的深度進行判斷，大腦在此時對空間的判斷主要依據這些線索：

● 相對大小，通常越大的物體理解為距離越近（參考圖3.7）。
● 相對高度，越靠近水平線的物體看起來越遠（參考圖3.7）。
● 重疊，被遮住的物體看起來更遠。
● 陰影，通過陰影容易產生空間的縱深感（如圖3.11）。
● 大氣透視，遠處的物體因為空氣透視的阻礙，會顯得更模糊。
● 直線透視，視平線向遠處延伸，似乎在無限遠處相交於一點（滅點）。
● 物體表面不同部分反射的光線，如果物體表面出現高光區，易讓人理解為這是一個立體的物體（如圖3.11）。

圖3.11　陰影和物體表面的高光讓圓球的立體感凸顯

②雙眼

● 雙眼相差，由於雙眼瞳孔之間有5~6厘米的間距，因此在觀看物體時處於不同的角度，兩眼視網膜上構成的影像有所差別。由於距離越遠的物體像差越小、越近的物體像差越大，大腦對這種差距進行比較，從而感知場景的縱深。
● 雙眼的視線角度，通常雙眼在看中遠距離的事物時視線近於平行，大腦能夠感知這種清晰度的變化，但當雙眼非常近地觀察事物時，兩眼的視線就自動向中間收攏。

雙眼的這種功能，就類似於攝影中的「微距模式」，主體清晰而周圍的事物會虛化得模糊，而產生近距感（如圖3.12）。

圖 3.12　微距拍攝的冬紅

另外，攝影中的「移軸攝影」（數碼相機時代的類似功能叫「模型效果」）能夠通過調整所攝影像透過關係或全區域聚焦來實現類似於微距模式的模型效果（如圖 3.13，讓焦點之外的物體產生虛化，焦點附近的物體清晰，結果整張照片看起來就類似於微小的模型了）。

圖 3.13　相機「模型效果」產生的縮微景觀的錯覺

（5）目標影響感知

除了經驗和環境的影響因素之外，我們的目標和對將來的計劃也會影響我們的感知。具體來說，我們的目標計劃性會過濾掉我們的感知：與目標無關的事物會被提前過濾掉，而不會進入到意識層面。

例如，當我們在軟件裡或網上尋找計劃中的信息時，通常不會耐心去認真閱讀全部內容，而只是快速粗略地掃描屏幕上與目標相關的東西。這時，不僅僅是忽略掉與目標無關的東西，而是經常完全注意不到它們。

當然除了視覺外，我們的大腦還會過濾其他感官的感知。例如，在一個人群湧動的場合，當你與同伴對話時，你的注意力就會集中到這件事上來，即使身邊的其他人

也在對話，其內容也被你過濾掉了。

當前的目標影響我們感知的機制有兩個：

● 影響我們注意什麼。

感知是主動的，人們始終會移動眼睛、耳朵、手等去尋找周圍與我們正在做或者正要做的事最相關的事物；而其他無關事物會被自動過濾掉。

這一特點被用於教育研究方面上：當持續性地關注某一學習目標時，除了課堂上、書本上的關注外，其他時間也逐漸會習慣用更專業的眼光來看待相關事物。當這種關注持續直至一定年限之後，將會成為職業素養。

● 使我們的感知系統對某些特性敏感。

當我們在尋找某件物品時，大腦能預先啟動我們的感官，使得它們對要尋找的東西變得非常敏感。例如，當我們得知要接待的朋友穿的是紅色上衣時，我們就會對人群中紅色著裝的人非常敏感，而其他顏色著裝的人就幾乎不會被注意到。

這種特性來源於自然的進化，讓人類學會趨吉避凶。那麼在設計網頁或移動設備應用界面時，瞭解客戶的心理需求，再輔以這種感知系統對其心理需求目標的敏感性設計，視覺營銷的效果將會更好。

二、視覺知覺

(一) 大衛·馬爾的計算機視覺理論

大衛·馬爾從整體上把握整個視覺系統的運行，他從神經學和人工智能領域出發，以計算機圖形處理為框架，認為視覺信息獲取分為三個部分：

● 首先，獲取基本素圖，即由二維圖像中的點、線、面等基本元素構成。
● 其次，對基本要素進行處理，建立不完整的三維形狀。
● 最後，對三維物體的形狀與空間的完整性進行描述。

在此三段論的基礎上，將計算機視覺分成三個層次：計算理論層、表達與算法層、硬件實行層。以此為基礎的計算機視覺理論進入計算機圖形學領域，包括圖像處理與三維建模等方面取得了很大的進步。

如圖3.14，單看這幅圖的時候，第一印象只是一些無序的色塊。如果告訴你是一輛大巴車，你再半眯著眼睛或者拉遠一點看，會發現原來真是一輛大巴車，而不會再認為是簡單的色塊了。這個過程與大衛·馬爾的計算機視覺理論非常貼合。

(二) 詹姆斯·吉布森的直接知覺理論

詹姆斯·吉布森是直接知覺理論創始人，他提出了對傳統直覺理論的顛覆性觀點。吉布森認為人的認知本質上應該是一種自下而上的系統，是對刺激物的直接反應，根本不需要經過思維和推論。

直接知覺理論認為知覺是直接的、動態的，並強調了人和環境的交互。人類為適應雙腳行走的生態環境，進化出一種對三維空間的適應能力，並且這種能力不需要學習。人類的知覺是對外界環境的不變性的直接知覺，而不是跟環境隔離的；知覺應該以人與環境的交互為基礎，兩方面的關係相互補充。

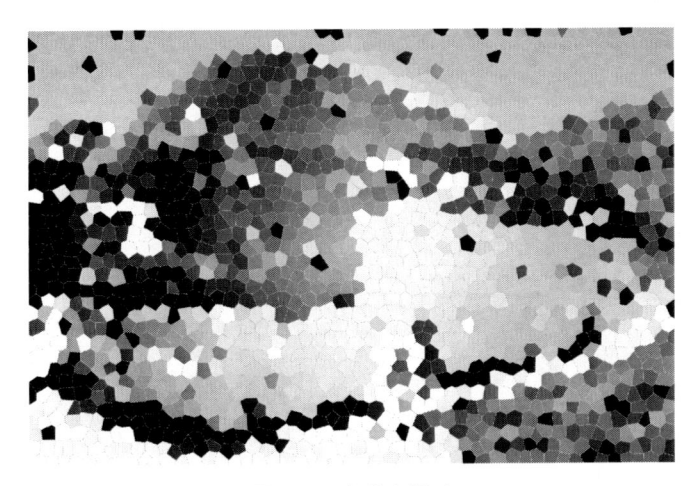

圖 3.14　色塊與圖形

　　雖然直接知覺理論對一些關鍵概念還停留在直覺判斷水平，缺乏更加科學和系統的描述，但是吉布森對知覺的不變性和直接性的描述仍然對心理科學研究以及計算機視覺研究起到了啓發作用。

(三) 艾倫・帕沃的雙重編碼理論

　　加拿大西安大略大學（University of Western Ontario）心理學者艾倫・帕沃認為語言和非語言的信息在兩個通道裡分別處理：非語言系統負責處理非語言物體和事件加工，完成對時間和空間的確認，對場景進行分析，產生一幅「心像」的圖景；語言系統處理語言信息，並且以語言的形式儲存。兩個系統各自獨立又相互聯結，接收的訊息可以在這兩個系統中轉換。

　　雙重編碼理論定義了三種類型的信息加工：
●表徵性的，語言系統和非語言系統表徵的直接激活。
●參考性的，通過非語言系統激活語言系統或反過來通過語言系統激活非語言系統。
●聯合處理，在語言系統內部或非語言系統內部的表徵的激活。

　　帕沃認為，具體的影像比口語的信息更容易被人記住，如果語言文字出現的同時伴隨著圖像信息或者真實場景，則記憶被加強。大腦處理抽象的文字符號需要調動更多的精力，而如果伴隨形象，則變得容易得多。

　　實驗證明，讀者對純文字反應最慢，圖文結合則反應較快，完全以照片形式反應最快。關於這一點，在中國書法中有另一番理解：漢字比英文在象形方面更突出，當一個人學習漢字時首先是以圖畫的形式來記憶的，隨著理解力的增強，形聲、形義字才逐漸印入腦海。不過，書法作品由於字體的結構、疏密的處理、筆畫的飄逸遒勁等力道的變化，卻是以圖像的方式直接「印入」人的腦海的。當擁有一定經驗之後，可以從書法作品的氣勢感受作者創作時的風格，並透露出文字所要表達的氣場。另外，中國的繪畫作品跟西洋繪畫作品也有所不同，中國畫更強調「寫意」、西洋畫更強調

「寫實」；透過這種「寫意」境界的突破，書法和繪畫在一種高企的精神層面水乳交融，從而實現一種意境的傳達（如圖 3.15）。而這一切，本質上都是以「圖像」的方式傳遞的，文字的信息含義只是做了備註性的詮釋。

圖 3.15　鄭板橋梅蘭竹菊四君子圖

（四）羅杰・斯佩里的左右腦分工理論

正常情況下，人的大腦由胼胝體將左右腦連接起來，通過醫學證明，人的左腦主宰語言、邏輯、理智，負責對時間進行綜合、對精細部分進行加工；右腦則負責對空間進行綜合，對知覺形象的輪廓進行加工，主宰形象、情感、藝術、直覺（如圖 3.16）。

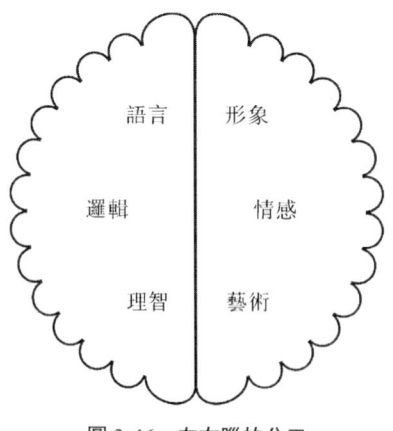

圖 3.16　左右腦的分工

斯佩里認為，右腦也有語言能力，但更具有專門化功能，並且具有自我意識和社

會意識。在此基礎上，右腦的功能逐漸被科學家們所重視，進一步研究發現，右腦把感覺信息納入印象，而左腦把感覺信息納入語言描述。

左右腦分工理論的出現，使人們能夠更好地訓練和利用大腦，重視右腦形象能力的開發，有助於提高藝術方面的才能；重視左腦邏輯能力的開發，有助於提高工作效率——這對開發人類智力起到了重要的作用。該理論模型也被廣泛運用於教育研究和傳播學研究等多領域之中。

三、格式塔原理

20世紀早期，一個德國心理學家組成的研究小組試圖解釋人類視覺的工作原理。他們發現人類的視覺系統自動對視覺輸入構建結構，並且在神經系統層面上感知形狀、圖形和物體，而不是只看到互不相連的邊、線和區域。「形狀」和「圖形」在德語中叫「Gestalt」，因此這些理論被稱為視覺感知的格式塔（Gestalt）原理。

格式塔基本理論認為：部分之總和不等於整體，因此整體不能分割；整體是由各部分所決定。反之，各部分也由整體所決定。知覺是自上而下產生的，是對感性信息進行整合梳理後獲得的，這和直接知識理論恰恰相反。

現在感知和認知心理學更多把格式塔原理視為描述性的框架，而不是解釋性和預測性的理論。如今的感知理論更傾向於基於眼球、視覺神經和大腦的神經心理學。

格式塔原理大體有：接近性原理、相似性原理、連續性原理、封閉性原理、對稱性原理、主體和背景原理以及同動原理。

（一）接近性原理

接近性原理是指物體之間的相對距離會影響我們感知它們是否以及如何組織在一起，相互靠近的物體看起來屬於一組，而那些距離較遠的就不是。

有時候，在設計字間距離或圖中各元素距離的時候，接近性原理會產生戲劇性的結果。

如圖3.17，這是古詩《江雪》的排列，橫排方式是我們所熟悉的內容：「千山鳥飛絕，萬徑人蹤滅，孤舟蓑笠翁，獨釣寒江雪」，而左下方的豎排方式一也容易讀出這樣的內容。因為無論是橫排方式還是豎排方式一，都有合適的間距——該讀成一句的字都是緊緊靠在一起的，不同句子之間的間隙大於同一句中字的間隙，所以我們能夠正常閱讀。不過，在豎排方式二中，由於字的間隙發生變化，同一句內的字的間隙大於不同句之間的間隙，所以會讓不熟悉這首詩的人誤讀為「獨孤萬千，釣舟徑山，寒蓑人鳥，江笠蹤飛，雪翁滅絕」，意思完全變了！

在有限的顯示屏上，有時為了讓接近性原理更好地發揮作用，我們會使用分組框、移動圖元位置等方式，讓不同的內容更好地自然分組。

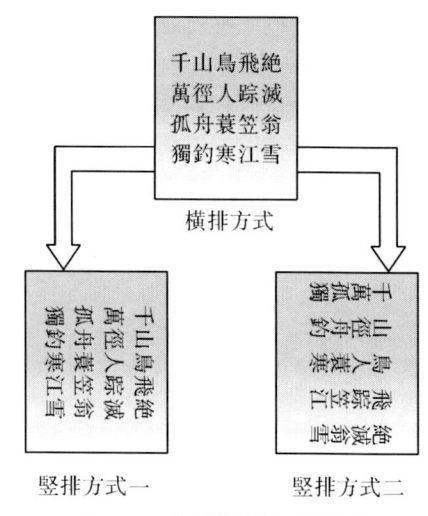

圖 3.17　格式塔原理：接近性

（二）相似性原理

如果其他因素相同，相似的物體會被看成是一組整體。

如圖 3.18，其中的楓葉、銀杏葉、火苗都各自成組，因為看起來成組的這些元素各自有其相似性。

圖 3.18　格式塔原理：相似性

（三）連續性原理

我們的視覺傾向於感知連續的形式而不是離散的碎片，有時一些斷開的部分我們會把它理解為連續性的。

如圖 3.19，雖然這個表盤中的小黑點是各自獨立的，但我們會把它們「理解」為一個圓周。

再如圖 3.20，雖然這兩片樹葉中間被很多橫條隔斷，但我們還是會認出是兩片完整的樹葉。中國山水畫中經常出現的山腰被雲海截斷的場景，我們依然會認為那座山不是懸空的，是完整地跟地面連接的；這是中國畫中「形斷意連」的表現手法，也是格式塔原理中連續性原理的運用。

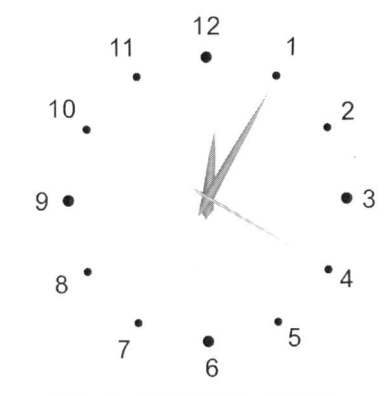

圖 3.19　格式塔原理：連續性一

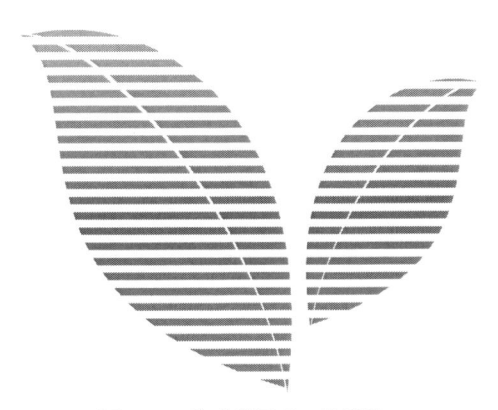

圖 3.20　格式塔原理：連續性二

(四) 封閉性原理

　　封閉性原理與連續性原理很相似，我們的視覺系統會自動嘗試將開敞的圖形封閉成完整圖形，而不認為是分散的碎塊。

　　如圖 3.21，雖然圖中大熊貓的背部和頭部並不是完整的封閉，但我們依然會將其看成是封閉和完整的。

圖 3.21　格式塔原理：封閉性

(五) 對稱性原理

對稱性原理是指我們傾向於分解複雜的場景來降低複雜度。雖然我們視覺區域中的信息有不止一個通性的解析，但我們的視覺會自動組織並解析數據，從而簡化這些數據並賦予它們對稱性。

如圖 3.22，對於其中的圖形 A，我們通常會看成是兩個緊貼在一起、相互疊加的菱形（如 B 或 C 的樣子），甚至能夠看成是相離一定距離疊加的菱形（如 D 的樣子）；而不會看成兩個彎折的矩形加中間的小菱形（如 E）。因為我們的視覺系統根據所搜集的信息，會盡可能簡化和對稱。

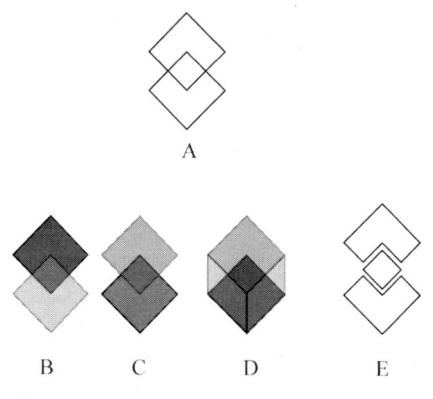

圖 3.22 格式塔原理：對稱性一

在交互的顯示屏幕界面上，這種對稱性原理的視覺特性通常會被用來表達三維立體的效果——雖然我們的屏幕是二維的。人類的視覺系統能夠從非常複雜的二維圖像中自動找出其中具有的透視效果，如圖 3.23，我們可以很輕松地看出這是一堆三維立體的小方塊。

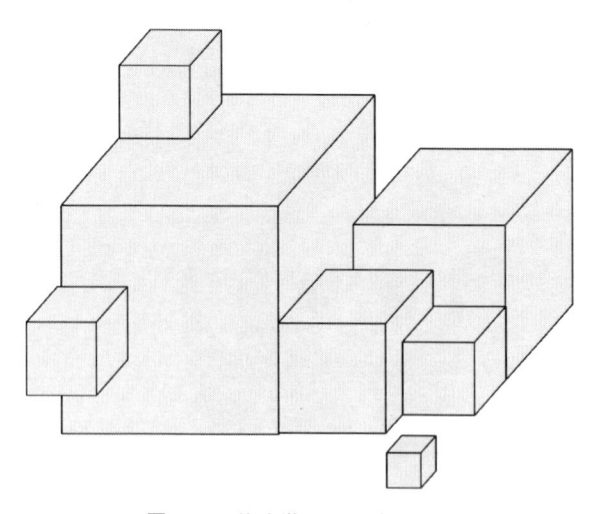

圖 3.23 格式塔原理：對稱性二

不過，雖然視覺系統的這種特性給我們帶來了很多方便，讓我們的三維立體成像迅捷且高效，但有時也會帶來視覺上的困擾。如圖3.24，這兩個窗框看起來都很別扭。正是因為這種對稱性原理，讓我們在錯誤的視覺誘導下，在從二維圖像到三維立體成像的過程中產生了困擾。

圖3.24　格式塔原理：對稱性三

(六) 主體和背景原理

我們的大腦將視界區域分為主體和背景，主體包括一個場景中占據我們主要注意力的所有元素，其餘的則是背景。

主體和背景原理也說明場景中的特點會影響視覺系統對場景中的主體和背景的解析。例如，當一個小物體或色塊與更大的物體或背景重疊時，我們更傾向於認為小物體是主體而大物體是背景。如圖3.25，這片掉在地上的三葉橡膠戟樹葉，因為葉片色彩和面積的明顯不同，很容易從地面背景中分辨出來。

圖3.25　很容易分辨出背景的樹葉

不過，對主體與背景的差別感知並不完全由場景的特點來決定，也依賴於觀看者的注意力焦點所在。荷蘭視錯覺藝術大師埃舍爾（Maurits・Cornelis・Escher）曾有過不少畫作流傳於世，其中有些畫作的主體和背景是交替變化的，能夠看出是什麼取決於觀看者的注意力所在。

如圖3.26，其中左圖中的小人，可以按三種不同的顏色組來看，相互嵌套又各自獨立，既可以作為主體，又可以作為背景；右圖中的各種角色，既可以以白色為主體

黑色為背景，又可以以黑色為主體白色為背景，同樣是相互嵌套又各自獨立的。

圖 3.26 埃舍爾二義性畫作

圖片來源：http://image.baidu.com。

在用戶交互界面的設計過程中，主體和背景的原理經常用來顯示主體信息之後的誘導性信息，或者暗示一個主題或情緒。如圖 3.27，背景的山巒暗示前景中的登山鞋具有優異的戶外性能。

圖 3.27 背景中的圖景具有暗示意義

（七）同動原理

同動原理跟前面的接近性、相似性原理相關，只不過它是動態的，同動原理指一起運動的物體被感知為屬於一組或者是彼此相關的。

如圖 3.28，一起奔跑的小羊被看成是同一組或者相關的，儘管所有的小羊看起來都是一樣的（注意，圖中通過羊腳形態的不同來表示運動或靜止狀態，並非指靜態圖案的不同）。

圖 3.28 格式塔原理：同動——奔跑的小羊

同動原理在動態的顯示屏上，通常會表示為「某些被選中、可編輯」的選項、應用、文件夾，以顫抖的方式區別於其他沒被選中的、外觀一直的、靜止的項。

（八）交互式界面中的運用

在我們的現實視覺世界裡，格式塔原理不是孤立的，而是共同起作用的，這樣才能構建起我們所見的真實、協調的視覺世界。那麼，在交互式界面中，視覺營銷領域的設計者同樣也應該注意到，盡可能讓格式塔原理在同一界面上綜合起來使用，使視覺設計的效果更自然和符合客戶的視覺習慣。

第二節　視覺傳達

視覺傳達從概念及特點入手，針對圖像敘事及其語法結構，以最終視覺說服為目的，視覺傳達的目標即網絡視覺營銷需要實現的目標。

一、視覺傳達的概念及特點

（一）視覺傳達的概念

視覺傳達設計（Visual Communication Design）是指利用視覺符號來傳遞各種信息的設計。設計師是信息的發送者（信源），傳達對象是信息的接受者（信宿），簡稱為視覺設計。

1. 什麼是視覺傳達

視覺傳達是人與人之間利用「看」的形式所進行的交流，是通過視覺語言進行表達傳播的方式。不同的地域、膚色、年齡、性別、說不同語言的人們，通過視覺及媒介進行信息的傳達、情感的溝通、文化的交流，視覺的觀察及體驗可以跨越彼此語言不通的障礙，可以消除文字不同的阻隔，憑藉對「圖」——圖像、圖形、圖案、圖畫、圖法、圖式的視覺共識獲得理解與交互。

2. 視覺傳達包括「視覺符號」和「傳達」兩個基本概念

（1）視覺符號

所謂「視覺符號」，是指人類的視覺器官——眼睛所能看到的能表現事物一定性質的符號，如攝影、電視、電影、造型藝術、建築物、各類設計、城市建築以及各種科學、文字，也包括舞臺設計、音樂、紋章學、古錢幣等都用眼睛能看到的事物，它們都屬於視覺符號。

（2）傳達

所謂「傳達」，是指信息發送者利用符號向接受者傳遞信息的過程，它可以是個體內的傳達，也可能是個體之間的傳達，如所有的生物之間、人與自然、人與環境以及人體內的信息傳達等。它包括「誰」「把什麼」「向誰傳達」「效果、影響如何」這四個程序。

（二）視覺傳達的特點

視覺傳達設計是通過視覺媒介表現並傳達給觀眾的設計，體現著設計的時代特徵，表現為圖形設計和豐富的內涵。

數字化多媒體的出現不斷地挑戰並充實著傳統的視覺傳達方式，擴展了當代視覺傳達設計外延，視覺傳達由以往形態上的平面化、靜態化，開始逐漸向動態化、綜合化方向轉變，從單一媒體跨越到多媒體，從二維平面延伸到三維立體和空間，從傳統的印刷設計產品更多轉化到虛擬信息形象的傳達。

在當今信息社會，以計算機科學為標誌的數字多媒體技術給視覺設計和傳播帶來了新的氣息，取得了令人矚目的視覺影響。

為了更好地實現視覺傳達，通常我們會使用圖像敘事的原理與方法，最終實現視覺說服。

二、圖像敘事

研究視覺傳達時，必須要對文與圖的關係進行梳理。通常大眾會認為圖像和文字是截然分開的，以前的研究者也一直將語言符號作為主要研究對象，而將圖像等非語言符號推至邊緣。這種情況直到電影、電視等以圖像為載體的媒體發明和普及才有所改觀。此時，將兩者統一起來研究成為可能。我們所指的圖像包括視像和圖畫部分，視像指攝影、攝像、電影、電視以及由真實影像所拍攝而成的各種廣告等；圖畫部分即由人繪製的各種圖像，主要包括插圖、漫畫、卡通製品、電子遊戲等，它們包圍著我們，並構成了當今的圖像文化時代。作為現代視覺藝術研究、實踐探索中一個極其

重要的研究對象的圖像敘事，現在已衍生為一種全新的美學史和文學史的研究課題。從廣義上說，圖像敘事已經成為一種等同於視覺文化的現代表徵，它是當前文化的一種基本語言和表述方式；而就狹義的圖像敘事而言，指存在於人類文化系統中的，以多種傳播媒介為載體，尤其是以影視、繪畫、攝影、廣告等圖像符號為基本表意系統的敘事表達。

一般情況下，圖與文被分為三個層次：

● 圖像：純照片、純圖形等。

● 以具體形式存在的文字圖像：雜誌封面上的文字、宣傳圖上的藝術字、Logo 上的變形文字等，通常文字與圖像已經融為一體了。

● 作為抽象意義存在的文字：小說內容等。

其中，第二層次的文字圖像是文字與圖像之間的仲介與屏障，是間接的圖像。這樣的對應關係讓文字承擔了哲學的功能、圖像承擔了美學的功能；將理性與非理論以文字圖像的形式完美結合到了一起。

(一) 圖像敘事的結構

今天，數字時代的到來使視覺表現與傳達都發生了巨大的變化。傳統意義上的圖片與文字之間的平衡被打破了，「讀圖時代」和「文字碎片化」的時代的興盛，同時也在某種程度上宣告了大量文字閱讀的衰落。

一方面，人們更喜歡閱讀文字量少、交互性強的「微博」「微信」，曾經風光的「博客」和紙質書籍受到了不同程度的冷落。另一方面，以圖像為主體，代表著交互界面、表達方式、傳達風格等都發生著巨大的變化，人們似乎變得更「懶」——不願更多地閱讀大量文字，不願辛苦地理解文字背後的複雜深意，不願集中 15 分鐘以上的時間靜靜地看一篇晦澀的文獻。人們的大腦在飛速地適應著這個碎片化的時代，習慣於導航條、圖標、功能指導，不斷地被時代「寵壞」。那麼，在這樣一個時代，作為營銷者，不得不考慮這樣的事實——我們要盡可能用圖片、精煉的文字來吸引消費者。

如果只是簡單地將文字與圖片對立起來，那麼將不足以傳達我們所想傳達的意思。因此，針對圖像的敘事功能，我們將探討圖像傳遞信息的能力，不過相對單純圖像來看，將更注重系統性和邏輯性。

1. 敘事理論

心理學家哈沃德‧加德納（Howard Gardner）認為：「故事是我們的居所，我們依故事而生，並且生活在故事所形成的世界中。故事聯結著我們的世界，在故事外我們無法瞭解別的世界。故事講述生命，將我們聚焦亦將我們分散。我們生活在文化中的偉大故事中，我們透過故事而存在。」

敘事學（Narratology）由此而產生，其實就是研究如何講故事的學問，為了發現結構或者描寫結構，敘事學研究者將敘事事件分解為組件，然後努力確定它們的功能和相互關係。在社會價值意識和社會迷思層面，人們不斷地反思與搜索需要的答案，敘事學被各種傳媒注意到，並且嘗試使用。如電視臺的時評節目《焦點訪談》、大型相親節目《非誠勿擾》等，都是敘事運用的典範。

隨著視覺文化逐漸在大眾文化中占據強勢地位，人們對於圖像語言的敘事功能研究也逐漸展開。這其中，敘事的範式和結構就是其理論基礎。

2. 敘事的結構

修辭學者華特·費舍（Walter Fisher）提出的敘事範式（Narrative Paradigm）理論對展開視覺敘事非常有用。他認為人類從本質上都是敘事人，不分地域文化。講故事是人們溝通和解決衝突的一種重要工具，這被稱為是「敘事的忠實性（Narrative Fidelity）」。在敘事的過程中，當事件具備推理的合理性以及和人們經驗中已經存在的經驗感受、價值觀一致的時候，就能成為被接受的「好」故事。

費舍的觀點對於分析視覺語言的重要啟發：視覺語言的直觀性將對視覺敘述有幫助。圖像語言存在著表象上的真實，如果能夠在推理上合理、內容上真實，就能形成一個整體的真實。

亞里士多德認為情節是敘事的第一準則，每一個故事都應該包含六個部分：情節、性格、語言、思想、場景、唱詞。其中情節最重要，其他要素都可以看做是一個故事的成員之一，是可以改變的。

敘述結構如圖 3.29 所示，主要分為內容與表達兩個方面。其中，內容又可以細分為背景（故事背景、場景設定）、角色（主角、配色等）、事件（故事的開始、經過、結束）；表達又可以細分為表達的結構與表達的方式，其中方式又可以進一步細分為語言（與觀眾溝通的語言）、情態（聲調、語氣、手勢、姿態、性格表達等）、圖像和音樂（表現的畫面或者音樂等多媒體內容）。

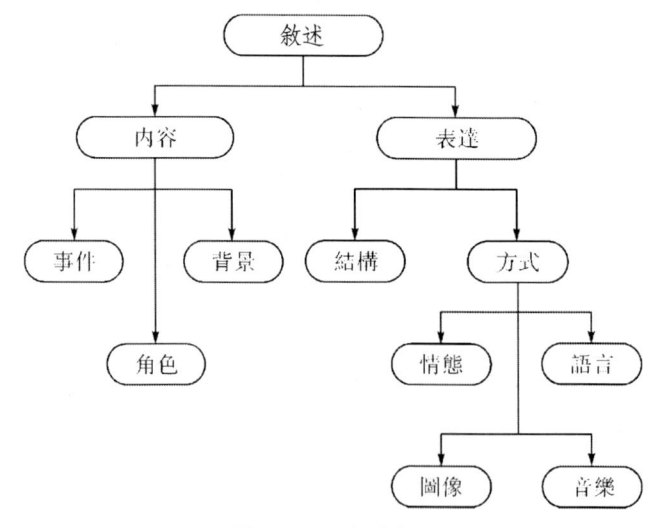

圖 3.29　敘事結構圖

敘事結構對於視覺營銷而言，同樣是非常適合的。因為，圖像同樣可以用表達和內容來裝載。視覺營銷的設計者需要進行視覺設計之前，應該從圖像的敘事結構來思考，並且加入對消費者的同理心，那麼至少在圖像規劃方面，就是一個好的開始。

圖像敘事的傳播學結構，顯示了在使用圖像來講故事的時候，面對著一個複雜的傳

播過程。這個過程是否順暢，決定著最終的傳達效果。另外，信息的交流還有賴於展現者和展現對象之間形成和諧的關係。圖像信息的表現形式以及這種形式所暗喻的觀點要能夠被圖像的展現對象理解，受眾必須具有一定的解讀能力。因此，除了整體上需要對受眾進行相關素養的培育外，設計者和傳播者還應該根據受眾特點進行相關的規範。

(二) 圖像的語法邏輯

觀看者對圖像的認知不僅有著感性認識，同時也並存理性分析，格式塔原理證明了這一點。圖像並非一眼能夠看透，而具有象徵意義；作為一種視覺語言，它具有內在的邏輯。

結合視覺認知和圖像表徵的特點，可以將信息以圖像的形式表達出來。而信息由抽象到視覺化的過程，是有規律可循的，這就是圖像的語法。單幅圖像可以看成一個句子，其中的視覺元素則可以看成詞組；多幅圖像可以構成更複雜的主義表達，可以看成是一篇文章，照片被邏輯性地組織在一起。

1. 圖像中各元素的詞性

圖像的詞性分為名詞和動詞。如圖 3.30，著名的香農（Shannon）傳播理論圖指出，傳播由信源發出，經編碼後進入信道，其間不斷受到噪聲干擾，直到譯碼後才能被信宿所接受，接受之後以某種方式再反饋給信源。這其中，信源、編碼、信道、干擾、譯碼、信宿、反饋等可以理解為圖像中「靜態」的名詞，而其中的箭頭則可以理解為圖像中「動態」的動詞。

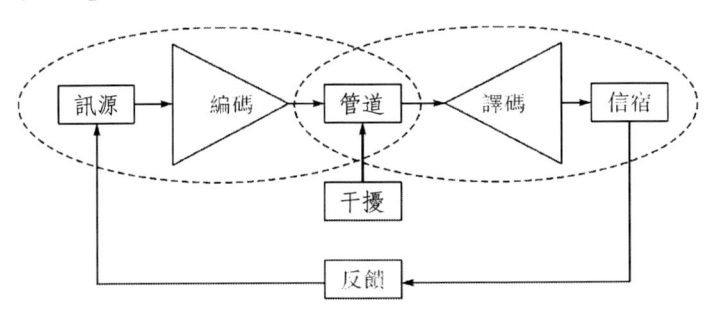

圖 3.30　香農傳播理論圖

圖像中「靜態」的名詞就是構成圖像的一些基本元素，它們具有不同的形狀、色彩，元素本身也包含著豐富的信息。而圖像中「動態」的動詞，則會讓那些靜止的元素相互發生關係。而這些「動態」的動詞，可能會是眼神、線條、箭頭等。

如圖 3.31，這個擬人化的圖像展示了名詞與動詞的交織。名詞為圖中左上角的擬人化青檸，動詞則為跳躍之後留下的軌跡、漣漪圈；更進一步分析，如果只是單純看左上角的擬人化的青檸本身，其動態的擬人化手腳、飄揚的擬人化頭髮、微笑的擬人化笑眼和嘴角也可以理解為動詞，而青檸的身體本身則是靜態的名詞。

圖形中最強的力就是具有運動方向和強度的力，這種力量把觀者的視線從一點引向另外一點，即矢量。它的表現形式多樣，可以是箭頭、視線、動態線、運動軌跡等。

图 3.31　跳躍的青檸

矢量可進一步細分為：圖形矢量、指示矢量、運動矢量三種。這三類矢量中，運動矢量的作用最強、指示矢量居中、圖形矢量最弱。

●圖形矢量由一些可見的線條構成，如鐵道、樓房外輪廓、蜿蜒的公路等，不過這些線條的指示性不是很強。

●指示矢量的指示性非常強，如箭頭的指向、手勢的指向等，比圖形矢量這種有形線條具備更強烈的動勢。

●運動矢量則是由動態的畫面中真正運動的物體構成的，其表現形式為動態 GIF、動態 Flash 或者視頻等，給人感覺更直觀。

複雜的圖像經過解析後其名詞、動詞的展示效果對比很明顯。如果再結合故事情節，其吸引眼球的效果將更進一步。

2. 單幅圖像的句式

當圖像的基本元素通過力的作用，以「動態」的方式建構起來以後，還可以進一步分成不同的句式。

（1）圖像陳述句

圖像陳述句是其中最常見的一種，它主要起描述作用，用來陳述信息，具有以下特點：

●以相對客觀的角度展示信息，從中看不出圖像製作者的存在，如紀錄片一般簡單、客觀地記錄。

●圖像中「動態」的力以一種平衡的方式出現，表現風格平穩，不會出現疑問、感嘆。

●圖像對意義的表徵，充分利用了視覺符號的索引性質以及相似性質，不存在複雜的象徵意義，對於大多數讀者來說，對這類圖像的理解相對輕鬆。

當然，圖像陳述句可進一步細分為主動句與被動句。主動句強調圖像的交流功能，即表達和觀者的交流；而被動句則強調圖像的展示功能，即客觀地陳述事實。

（2）圖像象徵句

利用圖像的象徵性來表達圖像信息，即圖像象徵句，具有以下特點：

●展示信息的方式更主觀，從圖像中可以看出製作者對事件的深度詮釋而非簡單記錄。

●圖像表現風格多樣，其中具有更多不平穩的動感，目的是引發觀者的參與和交互，引發對圖像內容的讚同、感嘆、疑問、有趣、悲憤等心理活動。

●圖像具備象徵意義，能夠通過觀者的理解和相應的文化氛圍產生多種的解讀。

圖像象徵句比較適合深度解釋，或者某種個性表達。具體又可以細分為疑問、祈使、感嘆等句式，充分運用誇張的對比、獨特的呈現方式，引發觀者積極的思維與心理活動，以傳達或單一明朗、或多元多態的信息。

3. 組合圖像的章節

圖像系列可以表現為一組相互關聯、影響的拼接大圖，也可以表現為有故事情節變化的靜態電影。當圖片聯繫在一起的時候，觀者不僅會對每一張圖有認知，而且會把圖片連起來閱讀，從中感受到新的意義，即組合圖像後所產生的章節。

當需要將多幅圖像組合或拼合為一個系列章節時，應合理地組織其故事情節，使系列照片都有一個中心主題，而非簡單拼湊。通過這種方式，圖片與圖片之間的整合將會被賦予一定的意義，靜止的照片也能展開故事情節，再加上畫面的衝突，將產生不斷飛躍的印象。

在組合圖片成為章節的過程中，除了主題以外，還有要一個「視覺中心」，通常採用一張較大的照片，或者有突出特點的元素，然後再加以其他照片的輔助，形成呼應、關聯的效果。

觀者對於圖像信息的接收是有選擇的、多元的，通過物理的圖像（包括圖像的故事情節、圖像中各元素的詞性、圖像的句式及組合的章節等）喚起精神圖像（精神層面的共鳴），以表現圖像主題。「一圖勝千言」「有圖有真相」都是從圖像敘事的理論基礎產生的。

三、視覺說服

視覺說服，也就是運用視覺要素作為一種主要的說服手段，其具體的技巧通常是採用圖像、訴諸幽默、感性和重複。在各種傳播行為當中，相當一部分都具有說服動機，因此研究這些行為是否達到目的和意圖是傳播效果研究中重要的一部分。

研究表明，人們對顯示世界的看法與情感密切相關，而情感又和人作為生物和社會上的動物的機能需要相聯繫。當我們觀察外部世界時，我們傾向於關注某些事物和環境，並以某種方式做出反應。某些傾向反應出文化的影響，同時某些傾向也受到動物進化的影響。簡而言之，人們對現實世界的看法與人們的內在反應傾向密不可分。因此，如果一幅圖片能夠再現人們真實經歷中的重要視覺特徵，那麼圖片也就可能利用與這些視覺特徵相聯繫的反應特徵。也就是說，在圖像中，那些起著視覺說服作用的圖像要盡量傳達一些與人們潛意識中默認的信息符號相吻合的形象。

在視覺說服傳播的過程中，信源的可信性對於傳播效果有至關重要的影響。而對於視覺說服來說，視覺形象是否能給受眾帶來真實感，也是起到良好說服效果的一個至關重要的因素。

有時，區分視覺說服與視覺宣傳的效果，需要通過被說服者的判斷：如果被說服者認為接收的視覺信息是為了其利益最大化，即被說服；反之，如果被說服者認為接收的視覺信息並非為了其利益，而是為了視覺信息發布者的利益則較難被說服。不過，視覺說服與視覺宣傳的區分並非特別重要，因為被說服者基本都能理解「優質優價」是一種「共贏」的、滿足說服者與被說服者雙方利益的舉措；這時，視覺說服的技巧性將顯得更加重要。

(一) 視覺說服的獨特性

根據保羅·梅薩里的觀點，如果要探討視覺說服的意義和效果，必須首先考慮視覺形象區別於其他傳播形式的基本特徵，分別在形象性、標記性和視覺結構的不確定性方面。

1. 形象性與視覺說服

視覺的形象性在三個方面作用於受眾：

首先，受眾不是將形象作為一種中性的客觀景象來接受的，而是和自己的個人經歷以及文化背景結合起來綜合分析的，從而產生一種直接的情感反應，有一種身臨其境的感受。比如，電子屏幕中的擬真效果，就是某種程度地在追求身臨其境。

其次，視覺的形象性往往讓受眾忽略自己身處一種說服語境。用於說服作用的視覺形象總是採取各種手段喚起人們在現實視覺中的視覺經歷。如果這種視覺語境跟自己所熟悉、所認同的背景文化類同，再加上「有圖有真相」的觀點和「先入為主」的效應，不少人就很容易被視覺形象所代言、所說服。例如，一些保健產品通常會用一些鶴髮童顏的老人來做代言，因為他們的形象更容易讓人覺得是懂得養生的健康老人的代表。

最後，視覺的形象性發揮作用的不僅是形象指代的內容，其呈現形式本身也隱含著意義，對受眾的態度產生微妙的影響。如背景圖、背景音樂、人物氣場的暗示、嚴謹或活潑的風格等，都會對受眾的態度產生影響。

2. 標記性與視覺說服

視覺的標記性對視覺形象的說服作用起到一種支撐作用，標記性符號指示某種事物的存在，引發人們的聯想，比如電影《侏羅紀公園》中地面上巨大的恐龍腳印指示曾有暴龍經過，電影中的場景或角色也會被人認為是某種程度的真實。因此，受眾可能會因此「愛屋及烏」，例如在節假日大量擁堵在各知名旅遊景點的遊客，購買明星的同款服裝等。一些精明的商家也看到這一點，通過這種標記性的「名人效應」來進行視覺說服，推廣自己的產品或服務。

3. 視覺結構的不確定性與視覺說服

視覺結構的不確定性是指視覺語言不像文字語言一樣具有嚴密的邏輯性，因此在進行視覺形象傳播過程中，傳播者還需要借助於文字。這種不確定性的積極作用在於，可以引發觀者更積極地參與，並由此獲得一個通過自己推理得到的結論。這種具備暗示性質的方法，也被稱為視覺結構的含蓄性，引導受眾自己推導出來的結果，往往更具備說服力。

(二) 視覺形象的真實感與說服

在說服性傳播過程中，信源的可信度對於傳播的效果至關重要。從視覺營銷的角度來看，視覺形象能否給受眾帶來真實感，也是能否起到良好說服效果的重要因素。

視覺形象性和標記性之所以能夠產生說服方面的優勢，跟它們能夠帶給受眾真實感分不開。因此，傳播過程中如何發揮視覺元素的這一特點，將非常重要。為了實現這種真實感，設計師們通常會在如下幾方面做出努力：
- 色彩的真實感
- 圖像情境的真實感
- 圖像被表現物的真實感
- 畫面透視的真實感
- 明暗度的真實感
- 影調的真實感
- 受眾素質
- 受眾文化氛圍
- 受眾生活習俗
- 受眾政治理念
- 受眾興趣愛好
- 受眾宗教信仰

為了達成這些目標，設計者要認真分析受眾、商品、文化背景，結合視覺認知理論，才有可能將視覺信息很好地傳達到受眾，並實現理想的視覺說服。

(三) 視覺說服常用技法

1. 吸引注意力

(1) 適度違背現實的誇張

就一個以再現日常生活的真實面貌為特徵的傳播媒介而言，吸引受眾注意的一個最有效的辦法就是違背這種現實。所謂違背現實，即視覺變形，例如在諸多的「吸菸有害健康」公益廣告中，以燃燒中的手指替代香菸。顯然手指不是香菸，但我們不得不承認我們被這種「變異」吸引了。超現實主義是違背現實方法運用得最為普遍的。因為大多的超現實主義是以引人注意的視覺矛盾為藝術特徵的。

(2) 滑稽的視覺模仿

視覺模仿與視覺變形在某些方面有類似之處，都是在我們已熟悉的事物上加以顯著地改變。例如對於我們熟知的名畫、名人照片等加以滑稽模仿，必要時動用圖像處理的技巧，那麼這種滑稽的模仿能夠引起不少人的心理共鳴，產生很好的視覺傳播效果。當然，如果沒有原作作為參照物，那麼某一形象也不會有多大的意義。這種滑稽模仿不一定要把原作同變體擺放到一起，對於熟悉原作的人來說，變體就已經能夠產生效果了；是否有原作作為參照物，取決於公眾對於原作的熟悉程度。

(3) 目光的對視

在與他人的交往過程中，人們對對方的眼睛和嘴巴註視的時間超過其他部分。同

時也有人發現，我們大腦中的神經線路生來就會對這部分的視覺信息加以處理。也就是說，目光這種視覺符號具有很強的關注度。

在我們生活中如果看到兩個水平並列的圓形，我們的大腦第一時間會把它理解為眼睛。如果再有一個部分位於「嘴巴」的位置，就容易將其理解為嘴巴。例如，動畫片《大鬧天宮》中，孫悟空為躲避二郎神而變成的寺廟，看起來寺廟的大門就像嘴，大門左右的兩扇窗戶看起來就像眼睛。如圖3.32，有些建築會讓人看成是人的臉。

圖3.32　容易讓人產生對視感的建築

圖片來源：http://image.baidu.com。

文藝作品中對視的人眼特別容易受人關注，這也是很好地吸引注意力的例子。如圖3.33，怒目而視的雕塑仿佛有了生命，我們更容易被這類雕塑所吸引。

圖3.33　怒目而視的雕像更易引起人的關注

圖片來源：http://image.baidu.com。

人物的直接對視或類似於人類面目的視覺符號，容易讓人產生更多的關注。即便是沒有生命的物體，例如兩個並排的圓形，容易讓人看成是眼睛。如圖3.34，這只不過是用兩個透明膠帶、一個膠水瓶和眼鏡組成的擺設，但相對於隨意的排放，這種仿佛是人臉的造型更容易吸引人。

圖3.34　透明膠帶、膠水瓶和眼鏡組成的「人像」

（4）背景的氛圍

儘管背景有時給人一種拒絕、距離之感，但背景有時也能夠更好地融洽氛圍，使人們更多地被暗示、更容易融入到主體的信息傳達之中。

例如在旅遊廣告中，背景的應用就非常受歡迎，因為人們旅遊的目的大多是想要遠離喧鬧，尋求安靜，而背景恰好在距離感中保存了一份安靜，不受打擾。

再如在災難片的宣傳畫中，背景通常是山崩、海嘯、火場、殘破的建築等，更能在直觀上給人以視覺的說服力，如圖3.35。

圖3.35　韓國電影《海雲臺》中的災難場景

圖片來源：http://image.baidu.com。

（5）目標的特寫

在現實生活中，與人離得越近，往往意味著更加關注和更熱切地參與。這一點同樣適用於我們對圖像中人、物的反應。特寫鏡頭的畫面越飽滿（被特寫對象占據畫面中較大比例的面積），觀眾與圖像的距離越近，就越能吸引受眾注意力，提高參與度。如圖3.36，這是一款高檔手錶的內部機芯結構，這種特定鏡頭的描述，能夠引發消費者的欣賞情懷，進而轉化為購買慾望。

圖3.36　陀飛輪高檔手錶的內部結構

圖片來源：http://image.baidu.com。

例如一些首飾賣家，會多角度地特寫首飾表面的細節，如色澤、質地、工藝等，以進一步拉近與買家的距離，實現更好的視覺營銷效果。

（6）受眾的視角

圖像畫面展示的角度從受眾本身出發，使得受眾在接觸畫面時的感覺是從自己的視角觀察到的，能更多提高受眾的參與度。

如圖3.37，這是從高處往下俯視的效果。這種獨特的視角會給受眾帶來極富視覺衝擊力的臨場感。

圖3.37　從望天樹走廊上往下俯視產生的臨危感極富視覺衝擊力

2. 引發情感

除了吸引受眾注意力外，視覺形象一般還用來引發某種感情傾向，如親情、道德、文化、愛好、宗教、階層等的認同感。如圖 3.38 和圖 3.39，因為宗教信仰或聚居地等原因，視覺形象可以引發認同感。

圖 3.38　宗教色彩濃厚的神佛塑像

圖 3.39　獨具雲南地方特色的象鼻龍造型雕塑

在視覺形象中，我們可以利用各種不同的視覺刺激，以及和人與社會、自然環境的交互相適應的相關情感，來促進情感傾向的產生。

此外，視覺形象可通過一些可變因素來激發，這些可變因素對受眾看到的景象起著控制作用，例如接近的程度，視角等。從視覺形象的效果來講，同樣的視覺刺激在不同的環境場景下可能會產生反差極大的效果。例如，帶有優越感的面部表情在大多數的情況下是令人不屑一顧的，甚至會產生強烈的排斥心理。不過，在高檔時裝廣告，或者其他高檔產品中，這種優越的神態是頻頻出現的。甚至是檔次越高，模特就越是面帶慍色。之所以會產生這種效果，是因為不同的消費檔次在無形中起著作用。帶有

優越感的模特，能帶給受眾的信息就是產品的高檔次，極大地滿足了消費者所向往的心理虛榮。同樣，對於產品而言也提高了自己的形象地位。

總之，在廣告圖像的視覺說服中，要充分把握圖像形象的特徵，利用各種視覺說服手段，達到企業品牌所要達到的目的。

☆ 本章思考

1. 視覺是如何構建的？
2. 為什麼要明確地區分視覺認知和視覺感知？
3. 你接觸到的格式塔原理的例子有哪些？
4. 為什麼要實現視覺傳達？它對於視覺營銷有什麼意義？
5. 圖像敘事和語法邏輯對於視覺營銷有什麼幫助？
6. 視覺說服的意義是什麼？
7. 如何實現視覺說服？

第四章　用戶感官與心理的表徵

　　網絡發展初期，由於技術限制，參與互聯網應用操作的人員以技術型人員為主，較少考慮普通用戶的操作體驗和心理感受，也使得早期互聯網產品操作顯得繁瑣和枯燥。隨著技術的進步，更多從事文字編輯、圖形設計的人員參與其中，操作體驗的改觀也越來越明顯，普通用戶享受到更多技術進步和視覺改善的紅利。

　　用戶體驗是交互式設計的標尺，決定著最終設計的優劣。為了能夠為用戶創建更好的交互，需要根據用戶感官特徵、心理特徵與個體差異來進行用戶識別，充分瞭解用戶的主觀感受，從而更好地指導交互設計。

　　用戶體驗需要充分把握用戶需求及其心理表徵，並一步步加以滿足。對於人的需求，美國著名社會心理學家亞伯拉罕·馬斯洛曾提出過「需求層次模型」（Maslow's Hierarchy of Needs）。馬斯洛是第三代心理學的開創者，提出了融合精神分析心理學和行為主義心理學的人本主義心理學，於其中融合了其美學思想。

　　馬斯洛的人本主義心理學為其美學理論提供了心理學基礎。其心理學理論核心是人通過「自我實現」滿足多層次的需要系統，達到「高峰體驗」，重新找回被技術排斥的人的價值，實現完美人格。

　　馬斯洛理論把需求分成生理需求（Physiological Needs）、安全需求（Safety Needs）、愛和歸屬感（Love and Belonging，亦稱為社交需求）、尊重（Esteem）和自我實現（Self-actualization）五類，依次由較低層次到較高層次排列。在中國古代，也有類似的觀點以對應馬斯洛需求的五個層次模型：

　　久旱逢甘雨（古人以農為本，這是生存的需要，相當於馬斯洛需要模型中第一層：生理需求）。

　　他鄉遇故知（可以想像，在他鄉的孤獨、寂寞和不安全感，該點相當於馬斯洛需要模型中第二層：安全需求）。

　　洞房花燭夜（歸屬和愛的需要，相當於馬斯洛需要模型中第三層：愛和歸屬或需求）。

　　金榜題名時（在中國古代，萬般皆下品，唯有讀書高；學而優則仕，權力、地位、衣錦還鄉，相當於馬斯洛需要模型中第四層：尊重的需求）。

　　天行健，君子以自強不息（相當於馬斯洛需要模型中第五層：自我實現的需求）

　　除了五個層次的需求之外，馬斯洛還提出過自我超越需求（Self-Transcendence Needs），但通常不作為馬斯洛需求層次理論中必要的層次，這是馬斯洛需求層次理論的一個模棱兩可的論點，大多數會將自我超越合併至自我實現需求當中。1954年，馬斯洛在《激勵與個性》一書中探討了他早期著作中提及的另外兩種需要：求知需要和

審美需要。這兩種需要未被列入他的需求層次排列中，他認為這二者應居於尊敬需要與自我實現需要之間。

近年來，用戶感官及心理表徵的各類理論也被網絡營銷者、軟件工程師和交互設計師們所重視，這些理論也有助於營銷實踐的提升。

第一節　用戶感官表徵

用戶的感官表徵主要來自於視覺、聽覺、觸覺三方面，視覺主要來自於圖文顯示的方式，聽覺主要來自於聲音，觸覺主要來自於力反饋（一些游戲附件）或振動（如手機振動），最終實現用戶感官的辨識。

一、視覺

眼睛的成像過程已被攝影機等儀器所模擬，但作為人類的視覺接收器，眼睛還受到人類生理的影響。

視覺圖像在視網膜上留存的時間非常短，典型的視覺感知衰退時間為200ms，通常範圍是90~1000ms。也正是因為視網膜上的影像迅速消退，為了保護視覺不受嚴重限制，我們的眼睛總是在進行細微的、自覺的眼部運動，即所謂的「掃視」。

在與網絡產品的交互中，用戶也通過掃視的方式獲得信息，即瀏覽界面。對大量視線跟蹤研究結果的分析，發現用戶在瀏覽交互界面時遵循一些視覺特點：

（一）文字比圖像更具吸引力

文字是人類文明進化的產物，是人類智慧的精華與精神遺產。通過文字，我們可以以極簡的表達方式傳達信息。儘管有「一圖勝千言」的說法，但與設計師一般所認知的相反，在瀏覽網頁時，能夠直接吸引用戶注意力的並不是圖像，而是用戶所關注的關鍵文字。當然，我們得保證是「簡潔而關鍵」的文字，網頁上的文字堆砌是沒有讀者願意細讀的。大多數時候，一個抱著查詢信息的目的而點擊進入某個網站的用戶，會將主要的目光集中在尋覓信息上而不是觀察圖像上（其實他是要尋覓有用的信息，無論是圖還是文）。因此，保證交互式設計能夠凸顯最重要的文字信息應成為重要的設計守則。

（二）瀏覽路徑

1. 視覺動線

由於大多數人的習慣遵循從「從左往右，從上往下」的常用瀏覽順序。因此，左上角通常是視線最先觸及的地方。這種瀏覽的路徑，我們稱為視覺動線。

我們從小就養成了從左往右的閱讀習慣，所以看一幅畫或者一段文字，習慣從左往右觀看，而有時卻是從上往下觀看。在這些長期習慣的培養下，人們接觸到需要視覺去接受某些信息時，自然而然地會根據以往的養成習慣執行。比如，同樣是涉及瀏覽路徑，當打開一個網頁時，我們通常都習慣於從左往右，再從上往下地瀏覽頁面。

這些常規的習慣，造就了瀏覽路徑，而視覺動線的概念就逐漸形成了。

瀏覽路徑就是視線在瀏覽網頁時經過的路徑，為了吸引消費者，網絡營銷者通常會在瀏覽路徑上大做文章。將商品的排列或介紹等按大多數人的視覺習慣排列，並盡可能地引導消費者的目光按照既定的網絡店鋪的商品陳列遊走。這種設計工作也叫視覺動線設計。

不過，不同文化導致的瀏覽習慣不同，眼球的運動有時也會有從右上角開始的——比如古代中國的瀏覽習慣是「從上往下，從右往左」——某些傳統文化網站依然有這樣的版式設計習慣（如圖4.1，中國古代書法家王獻之作品，其瀏覽習慣就是典型的中國式瀏覽習慣）。時至今日，一些現代仿古設計中，仍然要採用這種瀏覽順序。

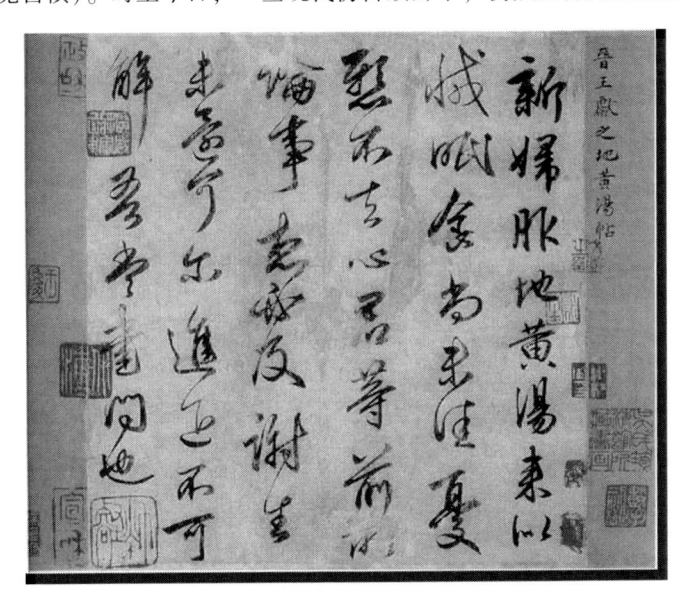

圖4.1　中國古代書法作品瀏覽習慣為從右到左、從上往下

當然，大多數人已經習慣於「從左往右，從上往下」，所以基於某些文化習俗的版式設計也是局部採用，總體上仍然遵循常用的瀏覽順序。

2. F字形和Z字形的視覺動線瀏覽模式

在使用臺式電腦、筆記本電腦或平板電腦或情況下，大多數用戶都會選擇連續的「F」字形模式瀏覽界面，即視線首先水平從左往右移動，然後目光下移，從右往左往復掃描比上一行短的區域，最後，用戶會將目光沿界面左側垂直掃描，此時速度較慢、也較有條理（如圖4.2）。這種基本恆定的閱讀習慣，決定了網頁設計中呈F形的關注熱度設置，因此左側通常會被設計為側邊欄，以放置條理、系統性的內容，而頭兩排的橫條區域通常會被用於重要的店標設計或重要廣告內容等（如圖4.3）。

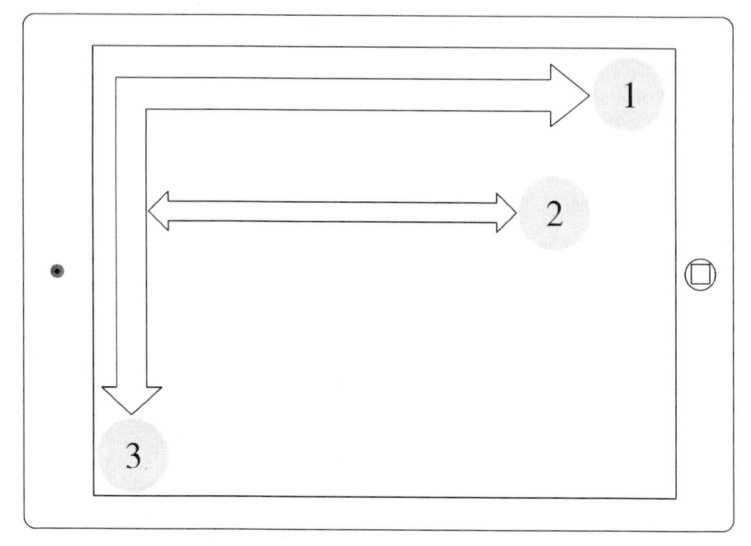

圖 4.2　電腦的 F 形瀏覽模式圖

圖 4.3　按 F 形瀏覽設計的網頁示例

　　在使用智能手機時，由於智能手機的屏幕通常較狹長，大多數用戶都會選擇連續的「Z」字形模式瀏覽，即視線首先水平從左往右移動，然後目光下移一行，再從左往右移動⋯⋯依次類推，直到底部；如果一屏顯示不完，還需要配合手指將觸摸屏往上拉動（如圖 4.4）。因此智能手機的屏幕通常可以左右劃動翻頁，上下滑動拖曳畫面。

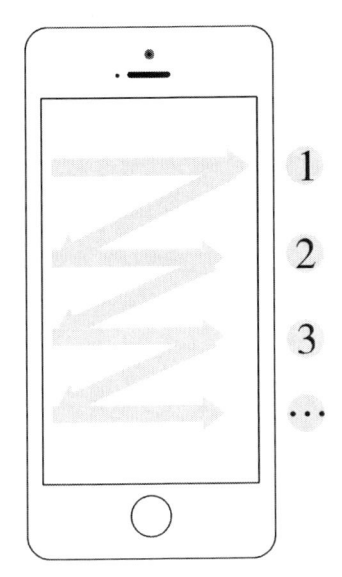

圖 4.4　智能手機的 Z 字形瀏覽模式圖

（三）選擇性過濾

　　研究表明，當用戶瀏覽網站時，通常會自動忽視大部分的橫幅廣告（儘管它有可能符合前面的 F 形瀏覽模式），目光往往只在上面停留幾分之一秒。此外，花哨的字體和格式也會被用戶當成是廣告而忽視。因而，用戶很難在充滿大量色彩的花哨字體裡尋找到所需信息。通常用戶大多只瀏覽網頁上的小部分內容，所以應當突出網頁的某些部分或創建項目列表，使信息更容易找到和閱讀，不要設計過寬的視覺段落。

二、聽覺

（一）語音信息

　　聽覺是除了視覺以外最重要的感覺，人們被日常生活的各種聲音包圍著，無論是人類交流的語言還是自然界中存在的各種聲音，人們也一直在感知各類聲音信息。一般而言，人類聽覺主要是從音頻、響度、音色三方面進行。

　　正常人的聽覺系統可以聽到的聲音頻率範圍為 0.016~16kHz，年輕人可聽到高達 20kHz 的聲音，對 3~5kHz 的聲音最敏感，幅度很小的聲音信號都能被人耳聽到，而在低頻區（小於 0.8kHz）和高頻區（大於 5kHz），人耳對聲音的靈敏度要低很多。

　　正常人聽覺的強度範圍在 0~120dB，超出此範圍的聲音，無論大小人耳都聽不到。在人耳可聽頻率範圍內，若聲音弱到或強到一定程度，人耳同樣也聽不到。相對於 1kHz 的純音，通常 0~20dB 為寧靜聲，30~40dB 為微弱聲，50~70dB 為正常聲，80~100dB 為響音聲，110~130dB 為極響聲。

　　不同於人類的視覺感知，人的聽覺系統可以收聽視力所及範圍之外的各種聲音，因此人們不必把注意力集中到聲源上就可以獲得周圍聲音。人們可以聽到所處環境中

的所有聽覺信息，並從海量的聽覺刺激中選擇需要注意的聲音。即使在擁擠嘈雜的地方，人們也能夠在別人的輕聲交談中注意到自己的名字被提及。不過，人的聽覺系統感知不像視覺感知那麼精確，人們不容易分辨聽覺參數，如音量、音質、位置的細微變化。

聽覺系統還幫助人們建立了與周圍世界的聯繫，並增強了人的存在感。在一個虛擬的聽覺環境中，用戶不僅能夠聽到，更重要的是能夠感覺這個聲音環境，產生一種身臨其境的感覺。人類也通過聲音到達左右耳的時間差和強度差，迅速定位音源所在，甚至是先聽到聲音再通過視線追隨音源的位置。

(二) 語言信息

聽覺器接受的刺激信息主要分為語音信息和非語音信息。語音主要指人們所發出的用於交流的聲音，當其具備語義才有交流的意義，因此需要某種特別的、雙方能夠理解的語言知識。

第二次世界大戰期間，美軍遭遇珍珠港襲擊後，被迫對日宣戰。交戰初期，美軍的密碼屢次被日軍破譯，致使其在戰場上吃盡了苦頭。1942年，美軍決定徵召美國最大的印第安部落納瓦霍人入伍，使用他們的語言編製更加安全可靠的密碼。

納瓦霍語是一種沒有文字而又極為複雜的語言，依靠其族人世世代代的口耳相傳而得以延續。納瓦霍語的語法和發音都極為怪異，聽起來有點像野獸的怪叫。它以語調的強弱不同來表達語言內涵，同一個音用四種不同的聲調說出來就表達出四種不同的意思。

經過嚴格的選拔和培訓，29名新入伍的納瓦霍族年輕人組成了海軍陸戰隊第382野戰排，受命編寫一種日軍無法破解的密碼。他們成為美軍第一支少數民族情報部隊，人稱「風語者」（電影《風語者》據此改編）。就這樣，被美軍稱為「無敵密碼」的納瓦霍密碼終於誕生了。直至第二次世界大戰結束，這些「無敵密碼」的納瓦霍密碼仍然無法被日軍破譯，為世界反法西斯戰爭做出了巨大貢獻。

人類接受的聽覺信息大部分是非語音信息，與語音信息相比它更簡潔，並且自身不具備任何直接的意義。

(三) 聲音的關聯性

通過與事件或過程相聯繫，能夠在較短的時間內傳遞一個信息，如短信收到的聲音、鐘表指針走動的聲音、計算機鍵盤打字聲、應用軟件的完成聲等，是表示一個操作成功或失敗的反饋聲。如果某個聲音長期與一定的事件聯繫，這個聲音在某種程度上會被賦予一種特別的含義，如時間到點時發出的敲鐘聲音、輪船汽笛聲、飛機掠過時的劃空聲、柴火燃燒的噼啪聲等，當人們聽到這些熟悉的聲音時就會明白這些聲音所代表的含義。

聲音的這種特性被設計師們用來加以利用，通常會作為視覺設計的一個輔助，增強或補充需要傳達的信息。

三、觸覺

在與真實世界的交互中，人類也在很大程度上依賴於觸覺。與視覺和聽覺相似，觸覺也是取自環境的物體外觀信息的反饋。

觸覺主要依賴皮膚進行感知，主要有三種觸覺感受：溫度感受、疼痛感受、機械性刺激感受。人類分別對溫度、疼痛和機械性刺激（如壓力、振動等）做出的反應。機械性刺激是最重要的，能夠感受到振動、拉伸、速度等多種皮膚機械變形引起的感覺。

觸覺感知的主觀性較強，當兩個刺激同時產生作用時，人們傾向於感受刺激發生在兩個刺激位置之間的某個點上，這個位置是由兩個刺激相對強度決定的，通常偏向強度較大的刺激位置的方向。

觸覺可以通過感知邊緣獲得物體的形狀信息，只是這種感知的速度和精度並不高，還需要結合材質、紋理等更多信息進行全面綜合的判斷。

觸覺的特性目前開發得還不多，諸如手機振動和游戲杆的力反饋只是初步的探索，未來的觸覺感受將會進一步開發出來，使之與聽覺和視覺綜合形成更加擬真的用戶體驗環境。

第二節　用戶心理表徵

用戶的心理表徵來源於對用戶心理的認識與研究，其中認知心理學從用戶的認知入手，研究用戶的注意、模式識別、記憶等方面；網絡心理研究互聯網時代用戶的心理特徵。對用戶心理表徵進行研究，便於在網絡視覺營銷中更好地把握用戶特點。

一、用戶的認知心理

認知心理是心理學研究的主要方向之一。美國心理學家奈瑟爾（Ulric Nesisser）將認知定義為「感覺輸入的變換、減少、解釋、貯存、恢復和使用的所有過程」。

認知心理學有廣義、狹義之分，廣義的認知心理學是指凡是研究人的認識過程的都屬於認知心理學，而目前西方心理學界通常所指的認知心理學，是指狹義的認知心理學，也就是所謂的信息加工心理學。它是指用信息加工的觀點和術語，通過與計算機相類比，用模擬、驗證等方法來研究人的認知過程，認為人的認知過程就是信息的接受、編碼、貯存、交換、操作、檢索、提取和使用的過程，並將這一過程歸納為四種系統模式：感知系統、記憶系統、控製系統和反應系統。強調人已有的知識和知識結構對他的行為和當前的認知活動起決定作用。其最重大的成果是在記憶和思維領域的突破性研究。

隨著計算機的出現，以信息加工觀點研究認知過程成為現代認知心理學的主流。一般來說，計算機的工作過程，包括信息的輸入、編碼、對編碼進行處理、存儲和輸出。相應地，人的認知過程包括如何接受信息、如何將接受的信息表徵轉化為知識、

如何儲存知識並指導人們的思想和行為。因此，認知心理學主要研究在信息加工過程中所出現的一系列認知事件，包括知覺、注意、記憶、學習、思維和語言等。

(一) 注意

注意是對意識的聚焦和集中。注意意味著為了更加有效地加工一些刺激信息，必須對輸入的所有刺激信息進行有選擇的加工。

注意可以分為三個相對獨立又有機結合的過程：注意把某個刺激信息從多個信息中選擇出來；注意從一個信息轉移到另一個信息；注意與一個新的刺激信息相連接。同時，這樣也提示了注意的三個基本特徵：

●選擇性：將部分刺激信息從眾多信息中選擇出來，並作為進一步加工處理的對象。

●持續性：在連續的一段時間內對選擇的刺激信息保持不變，並不受其他刺激信息的干擾。

●轉移性：根據個體的需要或意願，將對某個刺激信息的注意轉移到對另一刺激信息的注意上。

1. 注意的選擇性

選擇性是注意最基本也是最重要的功能，選擇使得注意具有一定的指向性，即關注一定的刺激信息而忽略其他的。由於個體的認知能力有限，人們的注意力資源不能同時平均分配給所有對象而只能有選擇地指向特寫對象。注意的選擇性將人的意識集中在一定的刺激信息上，並產生一定的持續性，有助於心理活動的深入。注意使得人對選擇的刺激信息的感受性提高，知覺清晰，思維和行動更敏捷準確。

注意也是個體內部的重要心理機制，人們借助注意來實現對外界刺激信息的選擇、控製和調節，以便能有效地加工與處理最重要的刺激信息。

2. 注意的認知資源能量分配

隨著交互式設計越來越多地強調多媒體特性，人們將聲音、圖像、動畫等各種交互元素作用於人的認知系統，吸引人的注意。有時人能夠在瀏覽文字的同時聽音樂，但在完成一些複雜任務時，又必須摒棄干擾，將注意力完全集中在一個任務上。這涉及注意的協調與分配。一般來說，當人們同時進行兩種或兩種以上的活動時，任務的難易程度、相似性、個人的技能和任務的關聯度等因素將決定注意的分配。

當一項較難的任務與另一項較易的任務發生衝突時，較易的任務可能被加工或處理。另外，兩項不在同一感覺信道的任務比在同一感覺信道的任務能夠被更好地完成（感覺信道是指聲音信道或圖像信道，比如人能在邊聽歌曲時邊瀏覽圖像，比同時瀏覽兩張圖或同時聽兩首歌更容易實現）。所以，在這種情況下，注意力將認知資源的能量有意地分配到了不同信道。這是人類通過自然進化得到的，與生俱來的本能和機制；所以在進行交互設計時，為了讓這種機制更好地服務於用戶，就不要在同一信道內過多地放置需要注意的事項。

凱恩曼（D. Kahnerman）對認知有限性進行了深入的研究，認為認知有限性是相對的，注意認知資源的分配受制於個體的喚醒水平、當時的意願、對完成任務所需認

知能量的評估以及個體的某些心理傾向。其中喚醒水平是決定可利用認知能量多少的關鍵性因素。喚醒水平高，可利用的認知能量就多；反之，可利用的認知資源能量就少。

因此，只要不超過認知資源總量，人就能夠同時接受多個刺激信息，或者進行兩種及兩種以上的活動。即，當一個人同時做兩件事情有困難（比如同一時間內，兩只手分別畫圓形和方形），並不是由於刺激信息的相互干擾造成的，而是因為刺激信息所需的認知資源超過了人可利用的認知資源總量。

舊金山市的 Minerva 是一所擁有官方認證的大學，與傳統大學截然不同的是，該校擁有一套專利的在線教學平臺，這套平臺將全球最頂尖的心理學家之一、前哈佛大學院長 Stephen・K・Kosslyn 所研究的教學體系投入實際應用。通常的本科教學課堂中，都會因學生沒勇氣發言而出現沉默，但 Minerva 的課堂不是膽小學生的避難所，也不會有人因話多而贏取更多特權。因為教學平臺的存在，每名學生都要在短時間內給出答案。這些在線測試題，會因為教師的隨時點名質疑而讓學生不得不謹慎地面對。連續不斷地強制交互，不給留下一點點可以開小差或者在筆記本上塗鴉的時間和休息機會；這個平臺堅持不懈地吸引著學生的注意力——交互的屏幕會使學生感覺像是教授總是在盯著看一樣，很難將視線離開屏幕。這種集權式的在線教育讓人在上課時間注意力高度集中，偶爾的放鬆也是為創新性的後續提問備戰。

3. 注意對其他認知活動的影響

注意是其他認知活動的基礎，沒有注意就不會有進一步的知覺、記憶和學習。而且，對刺激信息的注意必須持續一定的時間，才可能把這些初步加工的刺激信息輸入到短時記憶的相關部位，然後再把它們存儲到長時記憶中。

另外，認知學家還發現對刺激信息的不同注意方式影響著學習與記憶的效率。要提高記憶和解決問題的效率，加強個體解決任務的注意動機並對任務保持一定的興趣是十分必要的。大量心理學實驗研究表明，一個人對不太簡單也不太複雜的刺激信息最感興趣，也最能引起注意並保持注意力的集中。如果刺激信息相對於個體的認知能力太過簡單，沒有新的信息成分，那麼人就很容易產生厭倦；如果刺激信息過於複雜，個體受智力和知識經驗的制約不能從中發現任何新的信息，也不會引起個體的興趣。只有當刺激信息的難易程度與個體的認知能力、經驗水平和知識程度平衡或略高時，才會引起個體最大的興趣，進而提高其他認知活動的能力。

(二) 模式識別

模式識別是人的一種基本認知能力，在人的心理活動中起著重要作用。模式識別是把刺激信息與長時記憶中的信息相匹配，從而辨識出該刺激的過程。因此，對圖像、聲音或各類物體識別的過程就是模式識別，既是一個再認知的過程，又是一個再整合與歸類的過程。

作為一個典型的知覺活動，模式識別在很大程度上依賴於個體已有的知識經驗，尤其是存儲在長時記憶中的信息。通過與長時記憶中的信息進行比較，決定此模式與長時記憶中的哪些信息最為匹配，從而對模式進行感知。為此，模式識別一般包括分

析、比較和決策三個階段。

1. 分析

分析把感覺器官獲取的信息按照物理特徵與屬性抽取出來，並把這些信息分解成各個組成部分，以把握它的形式、結構與特徵。

2. 比較

把分析階段初步抽取的特徵或屬性信息與長時記憶中已存儲的、與其信息編碼一致的各種信息進行比較，找出相同或不同的差異區域。

3. 決策

在比較的結果出來之後，決策就是對其進行判斷，判斷接受的刺激信息模式與哪一種記憶信息編碼最為匹配，從而瞭解模式的意義並最終識別出這個模式。

(三) 記憶

記憶是人類進行學習與工作的重要認知活動，是個體累積知識、保存經驗並將這些知識與經驗加以運用的過程，也是將人的心理活動的過去、現在和未來連成整體的過程。

凡是人們感知的事物、思考過的問題、體驗過的情感以及執行過的動作等都會在腦海中留下一定的痕跡。隨著時間的推移，這些痕跡有的沒有受到強化而逐漸消退，有的受到強化而被保留下來。在一定條件下，那些被保留下來的痕跡會在腦海中重新得到恢復，這個過程就是記憶。

隨著計算機信息技術的發展，心理學家更傾向於以現代信息加工理論來考察記憶。認為記憶有輸入信息的編碼、存儲和在一定條件下進行檢索與提取的三個階段。

信息提取是在一定條件下，從記憶系統中查找出已經存儲的信息並加以運用。通常所說的記憶力強弱不表現在能否對已存儲的信息進行順利地提取上。

美國心理學家阿特金森和希瑞夫在1968年提出人的記憶系統是由三種不同類型的子系統組成的，分別是感覺記憶、短時記憶、長時記憶。

1. 感覺記憶

感覺記憶又稱為瞬時記憶，指外界的刺激信息通過感覺器官時，按照刺激信息的原始狀態和物理特性在人腦中被暫留的過程。因此，即使引起感覺的刺激信息不再繼續呈現，刺激信息在感覺器官中仍能保持一個極短暫的時間。只有其中被特別注意的信息才能夠進一步轉入短時記憶，否則會很快衰退並消失。

視覺系統具有識別刺激信息的形象特徵和保持視覺刺激信息的能力，被稱為「視像記憶」，其持續時間約在25~3000ms。同樣的，聽覺系統對聽覺信息也有短暫存儲的功能，被稱為「聲像記憶」，其持續時間約在2500~3000ms。視像記憶和聲像記憶都是瞬時記憶的主要編碼形式，是對外界刺激信息的真實體現。

2. 短時記憶

如果感覺記憶中的刺激信息在消失之前被注意了，那麼刺激信息中的一部分就會進入短時記憶系統進行加工處理。短時記憶是當前個體的意識所關注的刺激信息，只能存儲有限的內容，並且信息暫留的時間也非常短暫。如果30秒內不能被加工、復述

或轉移性認知操作的話，將會衰退和消失；反之，會被輸入到長時記憶中存儲起來。

與感覺記憶的編碼不同，短時記憶中的信息是被識別了的，因此短時信息編碼沒有保持信息的原始物理特徵，比感覺記憶中的信息編碼更為抽象。

普林斯頓大學心理學教授喬治·米勒（Miller）在1956年從信息加工理論的角度出發，提出保持在短時記憶中的刺激信息的數目大約為7±2，即在5~9的範圍內；在記憶了5~9項信息（如標籤、數組、詞組等）之後，人類的大腦就開始出錯。因此，人類的頭腦任何時候都很難在短期記憶中保存超過7±2條信息。

這個數目不分種族、文化，是普通正常成人短時記憶的平均值（如表4.1）。不過，個人短時記憶的能力也會受到刺激信息的關聯度、個體經驗及知識水平的影響。如果刺激信息是一些沒有關聯的單字或者詞彙的話，個體的記憶能力就維持在7個左右；但當刺激信息彼此存在一定的關聯，個體的記憶能力可以擴充。

表4.1　　　　　　　不同類別的刺激信息對短時記憶容量的需求

不同類別的刺激信息	短時記憶容量
數字	7.70
顏色	7.10
字母	6.35
詞彙	5.50
幾何圖形	3.30
隨機圖形	3.80
無意義音節	3.40

有些設計師把神奇的數字7作為上限，以保證任何時候屏幕上不多於7項信息。不過根據希克定律（Hick's Law）或希克·海曼定律（Hick-Hyman Law），這樣做顯得過於極端了。因為米勒強調的是，人類最多可以在短期記憶中記住的信息數量；當這些數量被顯示到屏幕上時，用戶不必把它們保存到短時記憶中，因為他們總能查詢到這些信息。

希克定律認為：用戶做決定所需的時間由備選項的數量決定。用戶不是一個個地考慮一組選項，而是把它們細分成類，在決策過程中每一步排除大約一半的剩餘選項。因此，希克定律聲稱，比起兩個每組5項的菜單，用戶會更快地從一個10項的菜單中做出選擇。

因此，希克定律也從另一方面佐證了米勒的觀點：我們其實不需要太多的「層級」，如果一個層級中的項過多，我們會自然分類排除，當然最好是不要超過7±2的項目。

3. 長時記憶

長時記憶是相對於短時記憶而言的，信息在人腦中存儲的時間較長，通常在1分鐘以上，有些達到幾天、幾月、幾年甚至終身。長時記憶所存儲的信息是有組織、有體系的經驗或者所學習到的知識，絕大部分來自於對短時記憶信息內容的復述加工，也有一小部分由於印象深刻而一次性存儲。復述是將短時記憶轉化為長時記憶的有效

方式，通過重複默誦，復述可以深化信息在腦中的印象，避免信息衰退和遺忘。

長時記憶對於人的學習和行動決策能力具有重要意義。它能夠使人有效地對新信息進行編碼，以便更好地排序，也能夠使人迅速地從記憶中提取有用的刺激信息，以解決當前所面臨的問題。

長時記憶是對短時記憶中的刺激信息進行深度加工，超越了刺激信息的物理特徵或細節，主要集中在信息的意義上。長時記憶中存在著兩個或兩個以上相對獨立的信息加工部分。

根據儲存信息類型的不同，長時記憶可以分為情境記憶和語義記憶。情景記憶用於存儲個體特定時間內所經歷的情景或事件以及其他關聯信息，如時間、空間信息等。情景記憶使人能夠加快記起曾經經歷過的、印象深的事情。語義記憶則存儲人們對於這個世界的知識以及分類概括後的事實，因此相對抽象，並不依賴於個人所處的某個特寫時間或地點。如「鷹+蛇」或「蛇+蛙」，可以使人聯想到生態學中的食物鏈知識點（如圖4.5左的形象）；而「蛇+龜」，則可以使人聯想到瑞獸「玄武」的中國傳統文化知識（如圖4.5右的形象）。

圖4.5　鷹捕蛇和「玄武」圖像

二、用戶的網絡心理

網絡心理學（Cyber Psychology）是隨著網絡交互的發展而新興起來的。通常是指以心理學經典理論為基礎，以實證研究為手段，研究互聯網背景下，人的認知、心理、行為規律的一門應用心理學科。

從狹義的角度來看，網絡心理學重點研究網絡對人類心理和行為模式的改變以及網絡的自組織性、非線性特點對傳統心理學的深刻影響，如社會網絡交互對社會心理學的影響等。

(一) 網絡交互的心理作用

網絡對用戶心理的影響主要由網絡交互所引起。網絡交互表現為三個特徵：形態特徵、源特徵和消息特徵。

1. 網絡的形態特徵

網絡的形態特徵體現在用戶可以在網站上體驗各種形態的信息，從文本到圖形、動畫、音頻等，這種多態的網絡信息表現在：同時出現一系列的不同信息形態以及這些不同信息形態之間的無縫轉換。用戶界面的發展為各種輸入形態如語音、觸摸、文本、眼球運動和手勢等提供了多種交互的可能性，擴展了人類知覺的寬度，這也是網絡交互的功能性特徵。

2. 網絡的源特徵

源特徵是交互允許用戶操作信息源的能力。從某種意義上來說，交互就是用戶能夠操控信息源的程度，其中以用戶訂製作為其重要的表現。

實驗證明，用戶更傾向於對網站的訂制而不是對網站上具體內容的訂制，因為用戶在進行定制操作的時候並沒有想到對內容的篩選帶來的後果。對網站內容的獲取要在適度交互的情況下達到最佳效果，並不是給用戶的自由度越高就越能滿足用戶的需求。

3. 網絡的消息特徵

以消息特徵為主的交互由偶發原則決定，即一個消息的發生是基於對之前消息的接受。消息在多數網站上表現為超連結和按鈕，通過點擊，用戶會決定閱讀哪部分內容和消息。大量實驗證明，如果一個交互設計提供的參與交互的可能性越多，用戶的評價就越高。好的交互會引起用戶更多的參與，也促使他們更加注意網站的內容。另外，網站訪問中越多的偶然性會帶來越多的導航行為，使用戶更樂意在網站中進行探索和發現新知識。

(二) 網絡交互的信任機制

信任作為維護人際交往的重要心理機制，滲透到人類日常生活中的每一個行為中。在網絡交互時代，由於網絡的虛擬性，傳統的「眼見為實」的信任機制受到極大的挑戰。因此，通過交互式設計建立起人與人之間的信任關係就非常重要。

信息的屬性包括背景屬性和內在屬性。

1. 背景屬性

(1) 時間嵌入

時間嵌入指如果受託人認為他與委託人在未來還會進行身分明確的交易並受益的話，受託人就會執行承諾並樂意建立起信任關係。

(2) 社會嵌入

社會嵌入指關注委託人的信譽，包括委託人的誠實性、可靠性和可信度等歷史信息。

(3) 機構嵌入

機構嵌入指影響雙方交易行為的組織機構，如司法執行代理、貿易機構或公司。

機構通常充當信任網絡中一方的擔保。

2. 內在屬性

背景屬性通過內在屬性來執行。內在屬性指的是受託人履行職責的能力和內在動機，包括能力、內在機制和獎賞。

（1）能力

能力指的是完成某項任務的個人或團隊的能力或技術水平的保證。

（2）內在機制

內在機制指的是公司內在的制度規範，對能力的發揮起到一定的保障作用。

（3）獎賞

獎賞指的是受託人從委託人那裡得到的好處和獎勵，有助於建立起受託方和委託方長期的合作關係。

根據信任的這些屬性，電子商務網站的交互式設計尤其是界面設計對建立交互雙方的信任關係起到非常重要的作用。研究表明電子商務網站的規模和賣家的信譽可以作為建立信任關係的前提。除此之外，影響因素還包括：避免錯誤的發生和過時信息的顯示、富有美感的設計、添加相關連結和第三方認證、詳細的產品介紹、公司的信息、隱私保護、保修退換貨政策，以及用戶對個人信息的操作權利等。建立用戶與電子商務網站的信任關係，使用戶能夠更加經常地參加網絡交互，積極打造方便、快捷的網絡化生活方式。

（三）網絡用戶的人格特徵

人格是構成一個人的思想、情感及行為所特有的綜合模式，包含了一個人區別於其他人的穩定而統一的心理品質。在網絡交互過程中，用戶可以按照自己希望的方式來表達個體的存在，大多數時候沒有外界對用戶行為作用評價加以制約。因此，用戶在網絡世界中擁有超越現實的自由，這也經常導致用戶的原始衝動在網絡交互中被激發出來。

不同的人格特徵將用戶細分為不同的群體，每個群體在交互過程中都表現出不同的行為趨向，從而產生不同的用戶體驗，亦可用於交互設計中的用戶細分。

根據每個個體人格特徵的不同，用戶在網絡交互中的行為表現也不同，體現在：閉合需求（Need for Closure）、認知需求（Need for Cognition）、控制核心（Locus of Control）、感覺尋求和冒險接受（Sensation-seeking and Risk-taking）的差別上。

1. 閉合需求

高閉合需求的用戶通常避免不確定性的產生，傾向於「凍結」認知過程，感受到時間的壓力而希望盡快得到結論。他們會深受一種理念的影響而忽視相反的信息。低閉合需求的用戶則喜歡嘗試多種可能性，受用多種方式實現交互目標。

2. 認知需求

認知需求定義用戶是否在獲得信息的認知過程中感到愉悅和投入。低認知需求的用戶不能享受通過認知解決複雜任務的過程，反而喜歡依賴於別人的意見，通常是專家的意見。高認知需求的用戶則有種天然的動機去尋找知識、獲取信息並將所有精力

投入到這個過程中。

用戶的認知需求差異對交互設計的潛在影響體現在對設計外觀的要求上。低認知需求的用戶對於符合習慣的網站的忠誠度比較高，而高認知需求的用戶則喜歡通過搜索引擎訪問各種網站。

3. 控製核心

外在控製核心的用戶相信生活是由外在因素，如機遇和運氣決定的；而內在控製核心的用戶則認為個人努力是獲得成功的關鍵。因此，內在控製核心的用戶以一種目標驅動的態度參與網絡交互，認為網絡是對其他活動的補充（例如進行網絡搜索以完成某項任務）。外在控製核心的用戶則表現相反，他們傾向於用網絡交互代替其他活動（如網絡聊天），卻很少利用網絡完成某些目標任務（如網絡購物）。因此，內在控製核心的用戶對網絡交互有更強的控製感並更加信任網絡的案例性。

4. 感覺尋求和冒險接受

傾向感覺尋求的用戶更加關注新奇、多變的經歷和體驗，包括對危險活動、非常規的生活方式的體驗等。因此，與對危險的接受程度有直接聯繫。這類用戶希望網絡交互創造新的體驗，敢於嘗試，並且容易在網上發表一些偏激言論。

☆ 本章思考

1. 用戶感官有什麼表徵，特別是視覺方面？
2. 用戶心理是如何認知的？
3. 網絡用戶如何實現交互的信任？

第五章　用戶體驗的設計原則

用戶體驗（User Experience，UE）是目標群體在使用某種產品或者服務時建立起來的主觀心理感受，是產品在現實世界的表現映射到交互式應用的體會。用戶體驗包括了用戶對品牌特徵、信息的可用性、功能性、內容性等方面的體驗。不僅如此，用戶體驗還是多層面的，並且貫穿於人機交互的全過程。既有對產品操作的交互體驗，又有在交互過程中觸發的認知、情感體驗，包括安詳、靜謐、愉悅、美感和激動等。

● 用戶體驗的分類

美國經濟學家約瑟夫·派恩（Joseph Pine）和詹姆士·吉爾摩（James Gilmore）從體驗與人的關係的角度進行考察，從兩個坐標軸對體驗進行分類。其中，x 軸代表人的參與程度，從「消極參與」到「積極參與」；y 軸代表參與類型，從「沉浸體驗」到「吸收體驗」（如圖 5.1）。

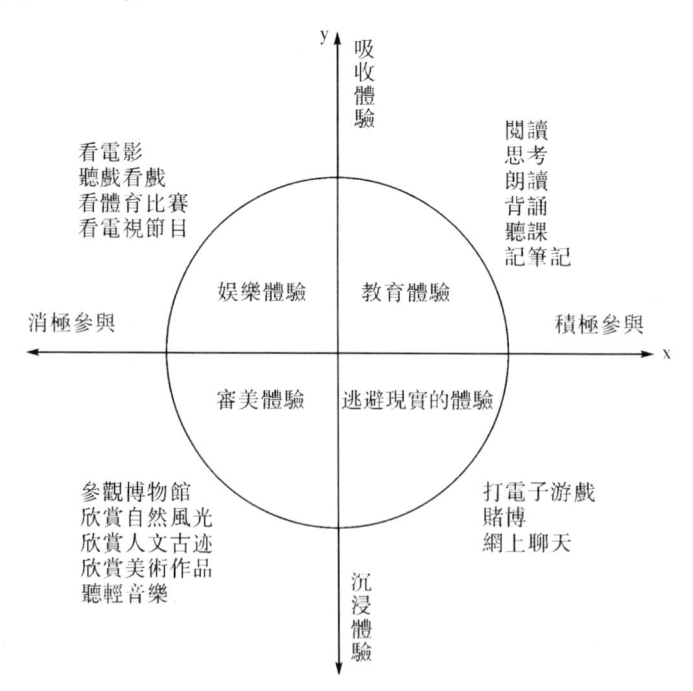

圖 5.1　體驗類型及其相互關係

其中，「吸收」是指通過讓人瞭解體驗的方式來吸引人的注意力，如看電影電視等；「沉浸」則表示體驗者為經歷的一部分，融入其中，如玩電子游戲或操作虛擬現實

的人物等。

　　這兩個坐標系將體驗分成了四種類型：娛樂體驗、教育體驗、逃避現實體驗和審美體驗。娛樂體驗是通過感覺而被動進行的體驗；教育體驗則要求體驗者有更高的主動性；逃避現實體驗比娛樂體驗更加令人著迷；審美體驗則讓人感覺消極而沉浸，讓人身心得以放鬆。

●網站設計中用戶體驗的五個層面

　　用戶體驗體現在用戶與交互式應用的各個方面，並貫穿於交互式設計的整個過程。為了明確用戶體驗的整個過程，杰西・詹姆士・加勒特（Jessie James Garrett）將用戶體驗細化，從最基本的網頁設計入手分析用戶體驗的要素，將用戶體驗要素分為五個層面：戰略層、範圍層、結構層、框架層、表現層（如圖5.2）。

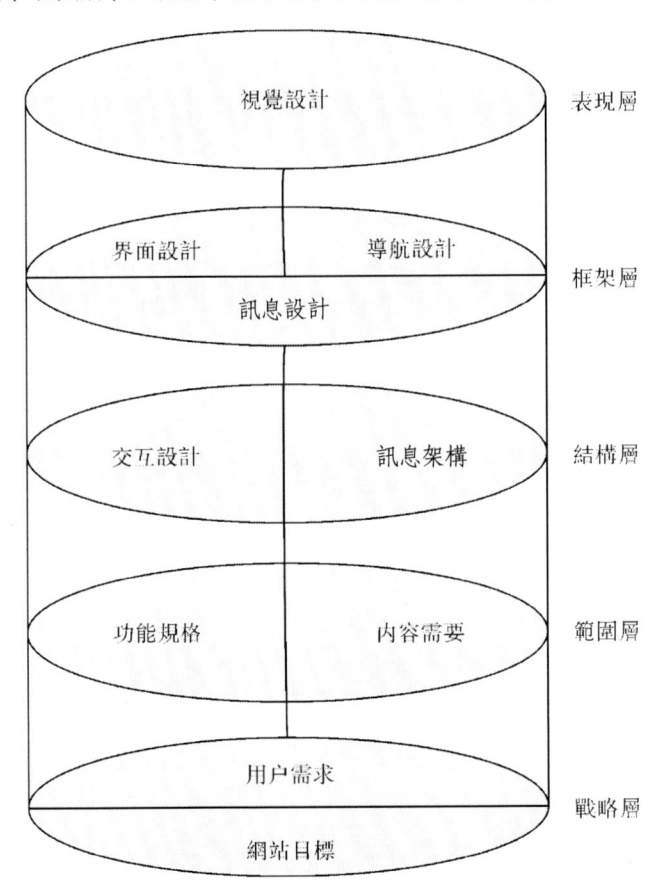

圖5.2　用戶體驗的五大層面

　　戰略層：決定了網站的定位，由用戶需求和網站目標決定。用戶需求是交互設計的外在需求，包括美觀、技術、心理等各個方面，可以通過用戶調查的方式獲得。網站目標則是設計師或設計團隊對整個網站功能的期望和目標評估。

　　範圍層：包括功能規格和內容需求。功能規格是對網站各種功能的詳細描述，內

容需求是滿足用戶需求的內容定位。

結構層：包括交互設計和信息架構。交互設計是對各種用戶交互事件的描述以及系統如何回應用戶請求的定義。信息架構則是信息空間中內容元素的分佈。

框架層：對交互應用進行設計，包括界面設計、導航設計和信息設計。

表現層：交互應用的視覺表現設計。

用戶體驗的視覺設計從抽象到具體、從概念到現實，不同的層面需要完成的工作和達成的目標均不相同，整個用戶體驗設計中需要多種職業共同參與。這五個層面定義了用戶體驗的基本架構，並且以連鎖反應的方式相互聯繫與制約，即每一個層面都是由它前面的那個層面來決定的。所以，表現層由框架層決定，框架層由結構層決定，結構層由範圍層決定，範圍層由戰略層決定；而其中進行視覺設計的表現層只是最後一道可視化工序。

在每一個層面中，用戶體驗的要素必須相互作用才能完成該層面的目標，並且一個要素可能影響同一個層面中的其他要素。只有在充分瞭解和把握整個體能後，才能使設計的網站風格、圖形圖像、顏色基調等視覺層面的元素更加與網站的目標以及用戶的需求相匹配，也只有這樣才能設計出一個良好體驗的頁面。

因而，用戶體驗並不是一個抽象或概括的理念，而是具體的可操作的方針。網絡交互中的用戶體驗是一種「自助式」的體驗，在沒有事先閱讀說明書和進行任何培訓的前提下，完全依靠用戶自己去尋找交互的途徑。好的交互設計應該盡量避免給用戶的參與造成任何困難，並且在出現問題時及時提醒用戶並幫助用戶盡快解決，從而保證用戶的感官、認知、行為和情感體驗的最佳化。

● 用戶體驗的組成

用戶在使用一個產品或系統之前、期間、之後的全部感受，包括了用戶的情感、信仰、喜好、認知、心理反應、行為等各個方面。根據信息架構師皮特・摩韋（Peter Morville）的歸納，用戶體驗的組成有：可用性、可靠性、滿意度、易得性、易找性、實用性、價值性七個元素。

實用性（Useable）：交互應用中的功能應該是有用的，不應設計出對用戶無用的東西。也就是說，交互應用至少應該具有一定的實用功能。

可靠性（Credible）：交互的元素應該是讓用戶感覺可依賴的、穩定健壯的，可以高質量地正常運行（比如不會閃退，能夠處理好內存占用與流暢之間的關係，如果是移動產品的話電量應該支撐足夠長的時間，如果是網絡交互應用應該能夠保證數據的雲備份是可以依賴不會丟失的）。

可用性（Usable）：交互體驗中滿足用戶完成任務的可用程度，當然也是其易用的程度。優化交互應用的用戶體驗需求等級，清除已有問題，調查用戶的體驗效果並加以改進，盡可能符合體驗交互學科領域的最新研究成果及其原則。

滿意度（Desirable）：能夠滿足用戶的各種情感體驗，在可用和易用的基礎上，更加專注用戶的情感和情緒，使交互應用能夠從情感和情緒層面抓住用戶。比如可以考慮增加幽默元素、激發好奇心、平衡挑戰和能力的機制等。

易找性（Findable）：提供良好的導航或定位幫助，使用戶易於找到所需信息而不

至於迷航。

易獲性（Accessible）：交互應用應該能夠被用戶所獲取，甚至能夠讓殘疾人獲取信息。

價值性（Valuable）：一方面，交互應用要能夠盈利，以獲得可持續的發展動力。另一方面，交互應用應該帶給用戶深遠的意義，即對用戶的價值所在。企業的盈利來自於用戶利益的長遠保證，而用戶利益的長遠來自於用戶的長期信賴、長期因此而獲益。

第一節　可用性設計原則應用

可用性（Usability）指的是交互應用在用戶使用的有效、易學、高效、易記、容錯和令人滿意的程度，即用戶能否使用交互應用完成任務、效率如何、主觀感受如何，也就是從用戶的角度感受的產品質量，是用戶在交互過程中的體驗。

ISO9241/11國際標準將可用性定義為：產品在特定使用環境下為特定用戶用於特定用途時所具有的有效性、效率和用戶主觀滿意度。其中，有效性是用戶完成特定任務和達到特定目標時所具有的準確度和完整性；效率是用戶完成任務的準確度和完整性與所使用資源之間的比率；滿意度是用戶在使用產品過程中的主觀反應，主要描述了產品使用的舒適度和接受程度。

在交互設計領域，可用性通常表現在以下幾個方面：

●能夠讓用戶專注到當前任務上，可以按照用戶的行動過程進行操作，不必分心尋找菜單、導航條或者理解設計結構與圖標的含義，不必分心考慮如何把當前任務轉換為電腦的輸入方式。

●用戶不必記憶面向電腦的相關軟硬件知識。

●用戶不必為手上的操作分心，操作方式簡單統一。

●在非正常情況和情景（如斷網、應用出錯、輸入超範圍、內存不足等）出現時，用戶仍能正常進行操作。

●用戶學習操作時間較短，不必看說明書也能操作。

●不過多出現彈出對話框或類似的文字提示，操作界面應該有一定的隱喻或暗示性讓用戶易於理解和操作，不易犯錯。

可用性是交互設計的核心和基本點，將其表現歸納下來，可以有以下五個方面：

●易於學習：一個從來沒有見過該交互應用的用戶能否容易地學習並使用這個產品。

●高效率：一個有經驗的用戶使用該交互應用完成某項任務的效率。

●易記性：如果一個用戶之前曾使用過該交互應用，能否順利地再次使用該交互應用而不必重新學習。

●容錯性：用戶使用交互應用是否易出錯，這些錯誤是否致命，如果用戶犯了錯誤，該交互應用是否能夠及時發現並幫助用戶改正錯誤。

●滿意度：該交互應用是否令用戶愉悅，以及愉悅和滿意的程度。

這五個方面具體又可細分出以下可用性設計原則：

一、簡潔性

(一) 少即是多

設計領域的一個重要理念是化繁為簡，少即是多，這是喬治·米勒觀點的延伸。交互設計將高效率作為可用性設計的目標之一，簡潔即成為必需。過多的操作或信息提示會增加學習和記憶負擔，多余的信息不僅讓新手感到困惑，也會減慢熟練用戶的操作速度。交互設計應該以一種盡可能簡潔的方式滿足用戶的需求和體驗，從而提高用戶完成交互操作的效率。

「少即是多」的原則主張功能決定形式，廢除一切不必要的裝飾以及重複的信息，在「少」的背後要傳達更多的理念。簡潔的設計既要用最少的視覺和聽覺元素傳達最明確的設計理念，又要用最少的功能和行為最有效地完成任務。通常，界面設計上使用的顏色最好控製在 3~5 種。

另外，字體的變化同樣也應該控製在 3~5 種，以傳遞信息為目標，盡量不要選擇過於繁復的字體，以免影響閱讀。

不過，根據萊瑞·特斯勒（Larry Tesler）創造的特斯勒複雜性守恒定律：任何過程的複雜性都有一個臨界點，超過這個臨界點就不能簡化了。設計師需要知道：首先，設計師必須承認，無論怎麼完美，所有過程都有一些不能再簡化的元素；其次，設計師需要找到合理的方式來轉移他們設計產品的複雜性（比如將一些複雜的元素平時隱藏起來，只在需要的時候顯示；或者在最基礎的簡化界面上給出一個可以展開複雜性選項的按鈕）。

簡潔性設計還要求摒棄無關信息的堆砌，利用有限的界面元素突出功能的強大。理想狀態只呈現用戶完成任務所需要的信息量，並且僅出現在他們所需要的時間和地點。如圖 5.3，PhotoShop 的工具欄，當點擊左側某個工具圖標後，只會在頂部工具欄顯示當前選中工具的細節展開，平時是隱藏的。

為了減少視覺的密度，降低視覺系統的壓力，必要的留白是一種行之有效的方法。所謂的留白就是傳統中國畫中一種表現手法，以黑色為主的墨跡勾勒出神韻，並在宣紙上留出白色區域，兩相搭配構成整個畫面的視覺空間。人機界面的留白是指界面的視覺分佈，留白與設計元素的大小、比例直接相關。增加設計元素的尺寸，而在其邊緣留白，就像在白紙上的一個黑點一樣，很容易將欣賞者的目光吸引到設計元素上。同時，留白還可以減少眼睛的疲勞，調節心理節奏，引起輕鬆與愜意的心理感受。

「少即是多」的原則，不僅適用於屏幕上的信息，也同樣適用於應用程序中的功能選項和交互機制。交互設計也是關於行為的設計，繁瑣的交互機制和功能設置比起複雜的界面設計更容易給用戶帶來不便和低效率的操作。

追求交互操作的簡潔性應該做到以下幾點：

第五章　用戶體驗的設計原則

圖 5.3　PhotoShop 中點擊左側工具圖標後頂部顯示該工具欄的明細選項

●首先，交互操作要按照用戶能最有效地完成目標任務的順序出現。這個順序默認由交互設計和界面佈局來決定，但也同樣也留給用戶自我調整的余地。交互應用應該設計出給予適當提示或偏好設置的方式。

●其次，將交互目標劃分為不同的操作任務，用戶在執行一個單獨任務的同時，為其提供其他相關任務的連結或快捷方式，避免讓用戶重複操作。

●最後，提供給用戶進行某項操作的快捷途徑，尤其對高級用戶或專家用戶。例如，在當當網（www.dangdang.com）中第一次購物時，輸入送貨地址、所需發票項、聯繫電話等內容以後，再次購買時只需要確認一下即可，而不必再重複輸入。

追求簡潔，是指簡潔的佈局、簡潔的操作，例如百度的搜索界面（如圖 5.4），通過將複雜隱藏在「更多」等選項中，大量留白，讓用戶體會到簡潔帶來的愉悅。

圖 5.4　百度搜索界面大量留白、隱藏複雜選項

(二) 減少附加工作

追求簡潔的設計還應該減少不必要的附加工作。所謂附加工作是指在實現目標任務過程中，伴隨的不直接作用於目標的或者適應外部需要的其他工作。消除附加工作能夠改善交互應用的可用性，提高交互的效率，創造更優的用戶體驗。

通常情況下，引入附加工作的情形之一是為新手或臨時用戶提供幫助，輔助他們

105

進行學習，使他們盡快瞭解產品的功能和交互方式。對新手而言，這種附加工作是必要的，但當其成為較熟練的用戶之後，這種附加工作就成為了提高效率的阻礙。因此，在設計中，應該保證這些附件工作的幫助信息，隨著用戶經驗水平的提高而能夠設置為關閉。

除此之外，大量的視覺附加工作也充斥在交互界面上。當然有些附加工作是用戶不得不做的——如「確定」按鈕的點擊，哪個位置開始閱讀等。有些附加工作則會造成視覺噪聲。如圖5.5，那些軟件下載界面，讓用戶找不到哪個是正確開始：如果隨意點擊一個「立即下載」「迅雷下載」或「電信下載」「網通下載」將無法下載正確的內容；不僅如此，頁面中還不斷彈出、閃動著與下載內容無關的廣告，有些飄來飄去的彈窗廣告甚至會追著鼠標移動，不斷破壞用戶的沉浸感，讓人煩不勝煩，這些多余的視覺元素將人們的注意力從那些直接傳達信息和交互行為的主要對象上轉移到其他地方。這些視覺噪聲包括過分的裝飾、錯誤使用的視覺元素屬性、繁多的交互功能等。這些都會加重用戶的認知負荷，產生信息焦慮的情緒，並影響用戶的操作速度、理解能力和任務完成。

圖5.5　複雜的軟件下載頁面，讓不熟悉的用戶暈頭轉向

為了減少視覺噪聲引起的焦慮情緒，界面設計應該提供有效的提示，幫助用戶盡快完成這些附加工作，比如採取對比突出或引導用戶的視覺趨向等方法。

(三) 提高交互效率可用性的設計經驗

●交互元素應當設計得較大，且離交互起始位置較近。

●在不違背界面美觀和其他設計約束的條件下，交互元素應盡可能多地占據幕幕空間（Windows 8 的磁貼式圖標做得就很好）。

●由於屏幕邊緣具備延伸性，處於屏幕邊緣的交互元素具有無窮大的寬度，因此交互元素應盡可能利用屏幕邊緣的優勢（不少 iOS 的交互應用就將「返回」「確定」等操作按鈕置於屏幕邊緣）。

二、易於學習

網絡交互的用戶參與性極強，因此過於複雜的系統和操作會讓用戶產生焦慮。交互應用鼓勵用戶積極思維，通過自己的探索與發現去解決問題，完成自我學習。因此，優秀的交互設計應該以激發用戶的探索慾望為前提，並提供有價值的線索。

(一) 符合用戶的概念模型

在交互設計中，三種模型被廣泛應用，分別是系統模型、概念模型、表現模型。

●系統模型：系統模型也稱為實現模型，指網絡交互的實際工作方式和流程，描述了代碼實現程序的細節。

●概念模型：概念模型也被稱為心理模型，指用戶對交互應用如何工作以及如何參與交互的認知。

●表現模型：表現模型是指設計師如何將網絡交互的參與方式展示給用戶。

系統模型由系統編碼人員來實現，普通用戶較難理解也不必去理解。所以普通用戶並沒有必要去完全瞭解交互實現的真實過程，而只能憑自己的經驗和直覺去創造一種認知上的簡單解釋，即概念模型。因此，概念模型並不一定是真實和正確的，但卻能夠讓用戶更加有效地工作。

交互設計中的概念模型是用戶在使用產品時下意識形成的心理映像，它基於每一個用戶對產品的期待和理解，同時又受到每個用戶的經驗、經歷和認知的影響，因此每個人的概念模型並非完全一樣。而且，人們通常很難描述自己的概念模型，甚至多數情況下沒有意識到它們的存在。

交互設計本質上就是研究讓設計作品在表現模型層面如何盡可能去接近人們的概念模型。如果表現模型越接近於概念模型，交互設計就越容易學習，用戶就越容易理解交互機制，越明白如何參與交互。如果用戶的概念模型與系統模型差異較大，而表現模型卻越接近於系統模型，則用戶就越難以理解。因此，交互設計應盡可能符合用戶的概念模型，而不能基於系統模型。

如圖 5.6，這是一個接近系統模型的例子：命令行工作方式——每鍵入一條操作指令對應一個程序功能模塊，這種操作模式的交互友好性不能滿足普通用戶的需要。

圖 5.6　接近系統模型的例子：命令行工作方式

　　如圖 5.7，這是一個表現模型的例子：操作面板上的控製按鈕、旋鈕、進度條、明確示意的圖標、簡潔的歌詞面板等，這些都是根據用戶平時生活中的心理概念設計製作的，因此用戶非常容易理解和接受。電子游戲的界面的表現模型也充分整合了用戶的概念模型，更易理解（如圖 5.8）。

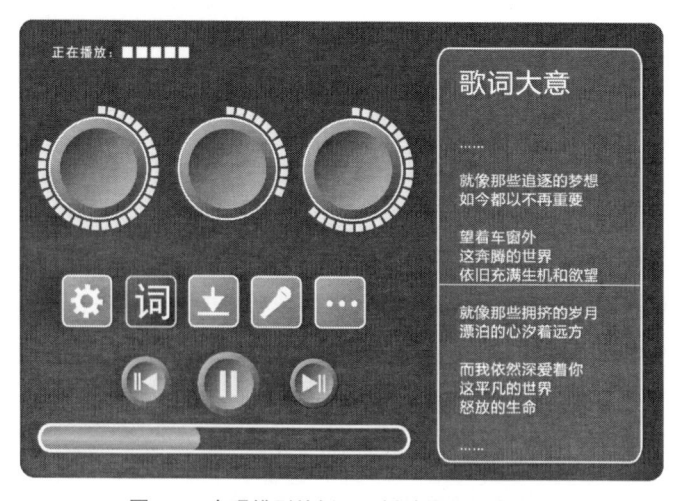

圖 5.7　表現模型的例子：播放界面的操作鈕

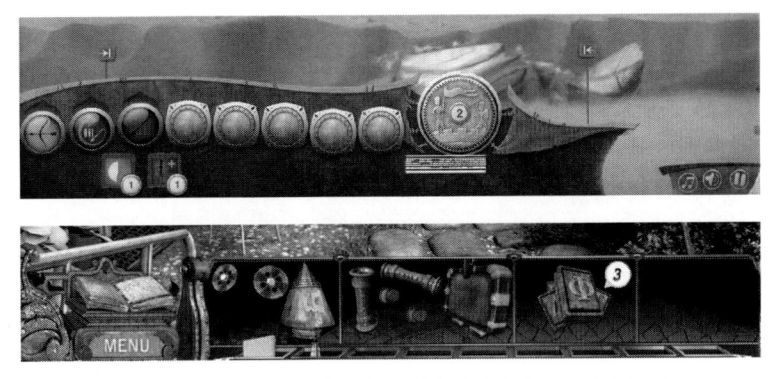

图 5.8　电子游戏操作界面的设计充分融合了用户概念模型

概念模型可以作为一个分析、理解和判断用户交互行为的框架，是系统模型和表现模型的中间桥梁。概念模型能帮助设计人员分析不同用户从不同视角与界面交互的可预期的、直觉的结果，从而实现对交互设计的指导。例如，回收站、购物车等都是根据概念模型设计出来的，它们既有现实生活中的原型，又有在交互应用中的实际意义和类似的操作方式。

(二) 恰当的隐喻

自从图形界面开始流行，设计人员就开始在设计图形元素时寻找将合适的隐喻作为界面设计基础。因为，如果界面中充斥着用户熟悉的真实世界的图案，用户会较容易掌握应用的操作。

美国语言学家乔治·拉科夫运用源域、目标域、映射来解释隐喻的运行机制，认为隐喻是从一个比较熟悉、易于理解的源域映射到一个不太熟悉、较难理解的目标域，而映射反应了这种认知空间的关系。隐喻是人类用以认知世界和建构世界的一种重要的心理模式，是人与环境交互的结果。

隐喻从语言学的技巧上升为心理学的概念后，在各个领域得到了运用，尤其是在基于计算机和网络的交互设计中，将抽象的信息加工过程以人们熟悉的方式来表示。将现实生活中物体的视觉表现和操作方式直接搬运到交互应用中的隐喻方式，方便了用户的学习、识别和操作过程。

1. 隐喻的分类

交互设计中的隐喻主要体现在三个方面：概念隐喻、视元隐喻、交互隐喻。

(1) 概念隐喻

概念隐喻是将电脑的工作流程以一些用户熟悉的概念表示出来，例如微软的Windows系统中，把操作界面定义为窗口、图标、菜单等用户在日常生活中熟悉的概念，这种形象化的比喻容易让用户理解电脑操作系统的工作方式。

(2) 视元隐喻

视元隐喻是指将电脑操作中的某些功能集合以视觉元素的形式体现出来，例如CorelDRAW矢量绘图软件以铅笔头代表，酷我音乐软件以一个放置有五线谱符号的盒

子代表，WinRAR壓縮軟件以打包的書本來代表……這些形象化的圖標就是視元隱喻的表現，通過這種簡單可視化的視元符號隱喻用戶可以享用的功能。

（3）交互隱喻

交互隱喻也稱交互行為隱喻，是指在操作過程中的直觀性。例如蘋果手機通過用手指橫向劃過來打開鎖定的界面（WindowsPhone則採用往上劃動手指）；電腦操作中的拖拽移動圖標、點擊按鈕；平板電腦中用兩指在屏幕表面拉近表示縮小、兩指在屏幕表面分開表示放大；手機在微信應用中「搖一搖」，可以找到附近的朋友；某些口哨聲模擬應用可以在手機話筒「吹出」各類口哨聲等；都是交互隱喻的有效表現。這些交互隱喻方式直觀易用、生動有趣，用戶只需付出很少的學習成本即可迅速掌握。

2. 隱喻的合適性

隱喻的使用雖然使交互設計的表現更加直觀形象，但是不恰當和過度的使用隱喻也容易讓用戶費解。隱喻有時會將界面元素和真實世界的事物不必要地捆綁在一起，造成可擴展性差。而且，由於文化、認知能力的差異，用戶對隱喻的理解也不盡相同。

好的隱喻設計應該符合用戶的概念模型並容易識別，避免產生歧義和誤解。圖形界面設計歷史中，曾經出現過垃圾桶和碎紙機兩個刪除文件的圖標。考慮到數據安全的因素，主流的操作系統都是先將刪除的文件在操作系統的文件分區表上做出刪除的標記，讓被刪除的文件不再顯示，並在再次確認（清空）之後才真正全部釋放空間。在再次確認（清空）之前，文件可以恢復回來。根據這個原理，碎紙機的圖標會對用戶造成誤解，因為真實世界中的碎紙機將文件直接粉碎了，無法恢復，用戶會誤以為刪除的文檔再也找不回來了。因此，垃圾桶的圖標更符合用戶的概念模型，是成功的、恰當的隱喻。

隱喻設計最忌諱僅僅按照字面意思來套用或者過度追求真實感，例如直接在電腦屏幕上放一張辦公桌，桌上的墨水瓶、便箋、鬧鐘、畫框、文件夾、書櫃等會讓用戶感覺到費解、疲乏、焦慮，反而不如簡單的圖標給人感覺清爽。所以，扁平化風潮的逆襲證實了：更擬真的隱喻，並不見得最好。基於圖形符號的桌面隱喻之所以歷久不衰，並不是由於它完全真實感的設計，而是它巧妙地暗合了人類的認知心理。

除此之外，隱喻設計還應該針對特定的文化語境，它是用戶生理和心理共同闡釋的結果，也是用戶與交互設計之間建立心理、情感和認知關係的橋樑。因此，設計人員在設計時應該考慮到隱喻所適用的文化語境，並將這種文化語境貫穿於交互設計的始終。

（三）合適的啟示

啟示是指功能可見性或可承擔性，是自然環境中物質本身的屬性與生物之間的某種對應關係。這種啟示是可以被感知或知覺的，但並不一定是可見的或者可知的。啟示強調的是物體對用戶認知的影響，以幫助用戶更好地理解交互應用。

在設計中，啟示是事物被感覺到的特性和實際的特性，主要是用來確定事物的使用方式。為此，物體能夠表現出兩種啟示：一是物體實際上承擔的物理特性；二是用戶覺察到的物體的提示性特性。

用戶能夠產生啟示的心理認知由用戶所處的環境或操作意圖來決定，此外以往累積的經驗也會起到影響作用。通過啟示可以建立起物體與用戶兩者本質上相互依存的關係。例如，游戲中出現了陷阱和一塊可以拾取的木板，那麼就啟示著這塊木板也許有可以搭在陷阱上，以便於通過陷阱的作用。

交互應用可以通過啟示激發用戶參與的慾望，並暗示用戶該如何進行操作，匹配其實際的用途。

三、減少記憶負擔

人的短時記憶容量非常有限，而用戶與應用交互的過程中，短時記憶卻是最常用的記憶方式。因此，交互設計應該盡可能避免給用戶帶來記憶的負擔，以增加交互效率，提高產品的可用性。

根據喬治·米勒經典的短時記憶理論——7±2 理論，人的短時記憶只能存放 7±2 個信息。也就是說，菜單上最多只擺放 7 個選項，工具欄上只顯示 7 個圖標，網頁頂端只安排 7 個標籤等；其實，並非一定以 7 作為設計的數量界限。如果按鈕少於 7 個，用戶更加容易記住按鈕的名稱和位置，就提高了參與交互的效率。

可視化可以顯著減少記憶的負擔，例如：在輸入信息時，以下拉列表框或轉輪選擇框的形式來選擇輸入；另外可以採用較少的交互規則，並讓這些規則成為標準（如拷貝、粘貼）。

此外，讓電腦記憶用戶曾經的操作記錄，幫助用戶減輕記憶負擔。通過回憶用戶上次的行為來預測用戶潛在的行為，認為用戶每天的目標和實際的目標任務是相同的。交互應用應記憶用戶前幾次使用程序的情況來預測他的潛在行為，這樣可以大幅度減少程序向用戶提問的次數。

一個通用的原則可以幫助確定交互產品應該記憶什麼，即記憶用戶曾經輸入的信息，甚至和其他用戶輸入的信息共同構成提示集。例如 360 安全瀏覽器可以記憶用戶曾經輸入的密碼（需要用戶授權）；再如在淘寶網的搜索框中輸入需要網購產品的關鍵詞的一部分，系統會給出多個備選的補全方案。人類也常常從一個較小的重複選項集合中選擇自己的行為。因此，人們總在無意識中縮小決策集合。這就為交互應用的記憶提供了方便。

有記憶的交互應用能夠帶給用戶人性化的感覺。對於用戶來說，交互應用的記憶性可以減少附加工作，省去重複的信息輸入。不僅如此，由於用戶輸入的信息大量減少，更多的信息可以通過程序的記憶直接獲得，還可以降低用戶犯錯的次數並保護個人信息的安全性。另外，還可以用於輸入合理性檢查，避免非法輸入的進入。

四、一致性

保持設計的一致性可以有效地傳達信息，對於方便用戶的學習和減少記憶負擔也有非常重要的現實意義。如果用戶知道相同的命令或者操作總是能夠產生同樣的交互效果，他們會更加熟悉且自信地使用交互應用，並大膽地將學到的知識用於嘗試一些新的功能。

交互一致性既表現在界面設計上，也表現在功能操作上。界面設計一致性的基本要求是界面元素的大小、色彩操持一致，相同的信息放在屏幕上的相同位置並以相同的設計方式出現。例如，導航條的樣式、位置無論在該網的哪個頁面打開，看起來都是一樣的，用戶將非常容易記憶和掌握。

當然，一致性並不是要求每個界面中的所有元素都完全相同，沒有絲毫的變化。一致性強調的是產品內在的氣質和設計理念的延續，注重變化，並且在變化的基礎上給人以整體感。

如圖5.9，一款名為《割繩子》的游戲，所有的操作都通過切割屏幕中的繩子來進行，這樣在操作體驗上保持了高度的一致性。在平板電腦上流行的游戲中，類似的情況如《憤怒的小鳥》中的彈射操作方式、《水果忍者》中的切割操作方式、《小鱷魚愛洗澡》中的塗抹操作方式等。

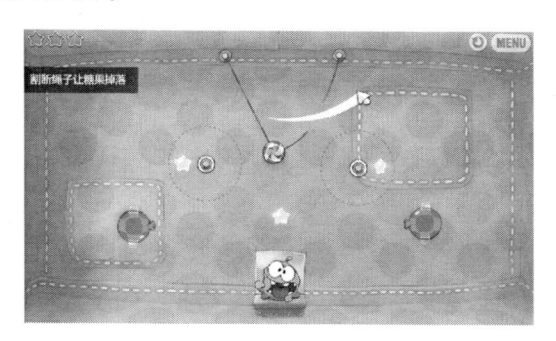

圖5.9　一款名為《割繩子》的游戲
圖片來源：http://image.baidu.com。

不僅設計風格和形式應該保持一致，交互應用的功能和操作也應該保持一致：相同類型的操作對象應該採用相同的操作方式（例如：任何外形的按鈕都應該在鼠標按下和放開時顯示不同的變化）；相同功能或操作應該產生相同的效果（例如：無論是網頁應用還是本地應用，拖拽都表示將操作對象從源位置移動到目標位置）。

五、提供反饋

根據人的認知特點，在人機交互的過程清晰地顯示用戶的每個操作狀態和結果是非常必要的。反饋就是向用戶提供信息，使用戶知道某一操作是否已經完成以及操作所產生的結果。如果用戶在嘗試了一種自認為可能的問題解決方法之後，卻沒有得到任何回應和反饋，用戶就會失去進一步參與的興趣。

在交互應用設計中，反饋通常分為模態反饋和非模態反饋兩種。其中，模態反饋最常見的就是在屏幕上彈出一個對話框，用戶必須回應這個對話框之後才能繼續後面的操作。模態反饋在一定程度上干擾了用戶沉浸的工作狀態，強迫用戶分神去處理對話框。非模態反饋則是將用戶信息在主要交互界面中顯示出來，但並不會停止系統的正常操作任務。在網絡交互設計中，從模態到非模態的反饋設計隨著網絡技術的發展也有了極大的改進。例如：當用戶在網站註冊時需要輸入自定義的用戶名進行驗證，

當用戶輸入完成、移動光標到下一項信息時，系統就會自動驗證這個用戶名是否已被註冊，並在頁面上給出用戶名是否有效的反饋信息。這種及時的非模態反饋，讓用戶瞭解交互操作的狀態，節省發現錯誤的時間，從而提高了可用性。

反饋不僅是對錯誤操作的通知，還應該包括對正確操作以及操作過程中的交互狀態的提示。一旦用戶明確了操作目標，交互應用必須讓用戶瞭解目標的完成程度，例如各種風格的進度條就是動態的交互反饋。

交互設計應該及時給予用戶反饋，而不能等到錯誤出現時才通知。根據用戶回應時間的感知，反饋信息可以分為以下幾個時間段顯示：

● 接近 0.1 秒的情況下

用戶認為當前應用的反應是即時的並感覺自己在直接操作，因此除了顯示操作結果外，不用特別的反饋顯示。

● 接近 1 秒的情況下

用戶認為當前應用的交互過程沒有被打斷、是有反應的，用戶會感覺到延遲，但不需要特別的反饋。

● 10 秒以內的情況下

用戶會明顯注意到當前應用的卡頓，這時給予一個進度條或者對話框顯然是必要的。

● 10 秒以上的情況

用戶將不能再集中注意於當前應用，甚至會分心去做其他事情。因此，理想的狀況是將當前應用放在後臺或服務器端執行，允許用戶同時進行其他的交互操作。另外，進度條的設計也要盡可能考慮到總分進度的雙重進度條；或者提示目前還有多少剩餘時間等；給出取消操作的機制等。

六、錯誤提示與容錯

錯誤的出現使用戶不能順利地完成交互任務。因此，當錯誤出現時，應當恰當地顯示錯誤提示的信息，幫助用戶明白錯誤出現的原因並提供解決方案。通常錯誤提示信息應該符合以下原則：

（一）語言表達明確，避免代碼

通過提示信息，用戶能夠意識到操作中的錯誤及其原因，不需要借助幫助手冊或者說明書。因此，錯誤提示信息應該使用用戶能夠理解的語言表達。提示信息也可以使用系統內部的信息或者代碼，但在最後必須給出一些操作意見。

（二）精確描述具體內容而不要概括描述

通過精確指定描述操作的具體內容，例如文件名，遇到什麼具體情況。

（三）幫助用戶修正錯誤，給出有用的建議

為了幫助用戶修正錯誤，需要預測用戶的預期目標，即用戶想要完成什麼；當前錯誤能夠被認定並預測用戶目標，給出一個有用的、實際的建議更具有幫助的效果。

(四) 錯誤提示應該顯示禮節與紳士風度

當用戶出現操作錯誤時，不要提示「非法操作」「致命錯誤」「系統崩潰」等警示語增大用戶的焦慮。最好採用具紳士風度與禮節的語句，如「真希望我能幫到你，但我不知道你操作的具體意思」「真是個好主意，不過我實在不明白」等減少責備語氣的語句。

(五) 其他

除此之外，錯誤提示信息也可以採用簡短的表述方式，幫助用戶快速意識到錯誤的出現；同時還需要提供一個快捷連結，以連結到相應的幫助頁面，使用戶可以選擇深入瞭解錯誤的詳細信息。

恰當的錯誤提示有益於交互操作，但最好的設計應該避免用戶在交互過程中出現提示，達到「隨風潛入夜，潤物細無聲」的境界。比如，通過即時驗證或選項約束來避免錯誤的用戶輸入，通過圖標或按鈕的有效性來限制不符合條件的功能生效。如圖5.10，這是豬八戒網的新用戶註冊頁面，當輸入相應的註冊項後系統會在後臺立即驗證並將結果「溫柔」地反饋到輸入框右側（綠色的勾表現驗證通過，紅色的叉提示需要修訂）。

圖5.10　豬八戒網的新用戶註冊頁面

不過，如果用戶發生的錯誤可能引起嚴重後果，就必須以打斷用戶交互的方式強制彈出到當前界面之前，比如彈出對話框「你確認全部刪除嗎？」，讓用戶有反悔的機會。

第二節　體驗性設計原則應用

用戶體驗是用戶在與應用交互時的全部心理感受。交互設計的可用性影響著用戶體驗，但除了可用性強調人機交互中可以被評測的有效性與高效性以外，還有用戶經歷的一種更加微妙的純主觀的心理和情感體驗，這種體驗難以表達和測量，卻對用戶的感受影響很大，即交互設計的體驗性。

一、心流體驗與設計

（一）心流的概念

心流（Flow）由心理學家米哈里·齊克森米哈里（Mihaly Csikszentmihalyi）於1975年首次提出，他系統地建立了一整套理論。心流是指當人們將所有的注意力和精力全身心地投入到一項活動中時，就會陷入一種忘我的、痴迷的、高效的心理狀態。這種時候，腦電波也會有所不同，以致被競技體育訓練時所使用；其實，早在幾千年前，心流就被宗教所使用。目前，心流的概念也被音樂界、美術界、設計界等廣泛使用，尤其是交互設計中，心流成為了衡量用戶體驗的重要標準。

1. 心流體驗的因素

心流體驗是個體完全投入某種活動的心理感覺，這種如痴如醉的狀態，會伴隨著愉快的感受和巔峰的工作狀態；感覺不到時間的流逝以及周圍事物的存在；技能與問題得到一種平衡；能夠即時地獲得反饋，知道離最終目標還有多遠等。

因此，心流體驗大體有以下幾類因素：

（1）條件因素

條件因素指激發心流體驗產生的必要條件，包括個體感知的清晰目標、即時反饋、挑戰與技能的匹配。只有具備這三個條件，才會激發心流體驗的產生。

（2）體驗因素

體驗因素指處於心流體驗狀態時的感覺，包括行動與知覺的融合、注意力的集中、潛在的控製感。

（3）結果因素

結果因素指處於心流體驗狀態時內心的體驗結果，包括失去自我意識、時間失真、體驗本身的目的性。

造成心流體驗的一個重要因素是技能與挑戰的平衡，也就是解決問題的能力與問題難度的匹配：當技能不足以解決困難時就會引起用戶焦慮，當技能遠遠超過問題難度時會又讓用戶感覺乏味。心流體驗發生在技能和挑戰都很高的時候，界於乏味與焦慮之間的感受（如圖5.11左側「心流體驗的基本模型」）。

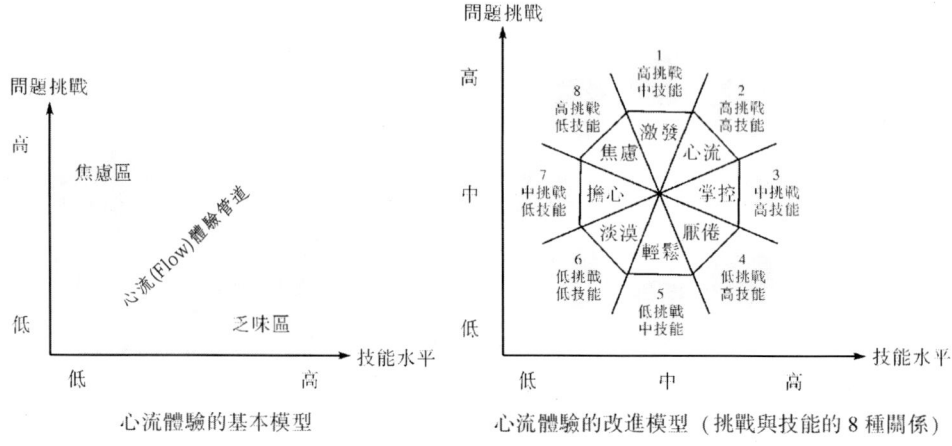

圖 5.11　心流體驗模型

心流是人們在從事某項活動時暫時的、主觀的體驗，也是人們樂於繼續從事某項活動的原因。不過，心流並不是一個靜止狀態，而是隨著技能和挑戰變化而變化的。心流是由對解決問題的能力的評估以及對即將到來的挑戰的認知所決定的。

隨著技能水平的提升，需要更高難度的挑戰才能匹配出心流的體驗。所以，通常游戲的設計逐級增加難度，讓玩家因心流的暢快感而欲罷不能；而一旦游戲通關，玩家就不想再從頭玩了。

1985 年，米蘭大學的 Massimini 和 Carli 梳理了「挑戰」與「技能」的關係，得到了新的心流模型（如圖 5.11 右側的「心流體驗的改進模型（挑戰與技能的 8 種關係）」）。這表明只有當高挑戰同時配之以高技能時，參與者才能進入並維持一種沉浸狀態。有了新的心流模型，在進行用戶體驗設計時，可以按既定的計劃、列出表格來確定挑戰與技能的交互對應關係，以保證隨時都能夠進入心流狀態。

2. 網絡交互的心流

用戶在網絡交互中體驗著心流帶來的愉悅感和滿足感，使得心流體驗成為一個重要的交互設計所使用的體驗原則；而網絡用戶的心流體驗很大程度上取決於交互的速度和控製感，這正好與心理理論中的挑戰和技能的匹配相對應。

網絡交互中的心流主要指：
● 高水平的技能和操控水平。
● 高難度的挑戰與激勵。
● 專注。
● 交互和臨境感的加強。

其中，臨境感（Immersion，又被稱為沉浸感）是指用戶置身於網絡環境中的心理狀態。其中，流暢的速度感對於衡量這種挑戰與技能的心流起著直接的作用。此外，用戶的技能、控製感、對時間的忽略也是影響心流體驗的重要因素。相對於現實生活中的其他物品而言，網絡交互應用特別容易因速度的體驗而影響用戶的心流體驗，所以流暢的交互速度對於用戶訪問時間和訪問頻率的影響最大，因而在網絡交互中應引

起特別的重視。對於重複訪問的用戶，內容的重要性、技能與控制的平衡、訪問速度都是重要的影響因素。

網絡交互的心流可以分為兩類：玩具型心流與工具型心流。通常網絡新手更傾向於使用前者，他們喜歡較少的挑戰、更多的發現；而有經驗的用戶則更傾向於後者，希望利用網絡來完成某項任務，喜歡較少發現和較多挑戰。網絡交互的心流體驗更易在工具型心流中產生。

（1）玩具型心流

玩具型心流又稱體驗型心流，主要強調的是將網絡交互當做一種娛樂方式，如網上看電影、聽音樂、隨意聊天等；特點是更多強調臨境感、對時間的忽視、探索行為、注意力集中、挑戰和激勵。

（2）工具型心流

工具型心流又稱任務型心流，是指將網絡作為一種工具用以完成某個目標任務，如網上購物、搜索等；特點是更多強調技能、控制感、內容重要度、完成任務。

（二）心流體驗設計原則

1. 平衡挑戰與用戶技能

平衡挑戰與用戶技能之間的差異是激發心流體驗的最重要的設計原則。所以，根據網絡用戶的技能水平差異和兩類不同類型的心流特點，交互設計應該採用不同的原則和方法。交互設計帶來的挑戰可以是視覺、內容和交互方式上的。

以娛樂為導向的玩具型心流設計，應該滿足用戶以創造性思維來瀏覽和探索網站的需求，很少或根本不建立挑戰，避免引起用戶的焦慮。為此，設計主要通過視覺元素，如亮麗的顏色和高對比度來引起感官刺激和內心的愉悅。設計中應該使用豐富的視覺表現來吸引用戶的注意力，從而實現玩具型心流的體驗。

以任務為導向的工具型心流設計，主要通過任務本身的難度來給用戶帶來激勵，為了避免用戶感到焦慮，應當盡量減少不必要的干擾，為用戶完成任務提供方便。設計中可以使用較少的視覺元素、一定程度的自定義設置，及時提供明確的反饋顯得更重要。如圖5.12，簡潔明確、即時反饋的自定義設置對於熟練用戶來說更易得到心流的體驗。

圖5.12 以任務為導向的心流設計：網易郵箱的設置

2. 提供探索的可能

為了避免用戶的技能超過交互應用帶來的挑戰時的乏味，交互設計應該提供更多探索功能和任務的可能性。

（1）對於內容訴求為主的交互設計

如新聞類網站、資料下載類網站，應該提供及時的更新內容，並以適當的方式吸引用戶的注意。例如提供「熱門信息」「主題事件」「熱門下載」以吸引用戶的關注，即使這些選擇不是基於每個用戶，但也能反應大多數用戶的關注點，因而能夠抓住他們的注意力。

（2）對於功能訴求為主的交互設計

如網絡購物類網站，可以通過擴展交互功能的方式幫助用戶進行探索，如「年中大促」「聚劃算」「積分天地」「秒殺交流」「防騙中心」「優品分享」等，另外再提供分享到微博、微信朋友圈等功能以幫助用戶探索更多功能。

3. 吸引注意避免干擾

交互設計應該通過合理的設計，長時間吸引用戶的注意力，避免干擾用戶、打斷心流體驗。因此，應盡量避免使用彈出式對話框，如果一定需要也應該使用合適的形式和語氣。對於因交互設計中必不可免的干擾，需要考慮時間和方式。比如，可以根據用戶的操作智能分析用戶關注的內容，以不過於頻繁的方式推薦；或者可以將漸入漸出的、有內在聯繫的動畫效果切換到兩個場景中。

4. 保持用戶的控製感

心流體驗要求建立用戶對交互應用的控製感。目前，不少交互應用自動根據用戶的行為調整界面設計，雖然顯得智能化，卻剝奪了用戶對界面的控製權，實際上有損用戶的心流體驗。

這種能夠自動調整的適應性界面（Adaptive Interfaces）常用在平衡新用戶與有經驗的用戶的技能差別上。通常新用戶需要較少的菜單項（更複雜的功能隱藏起來），而老用戶則需要將更多的菜單項顯示出來。適應性界面能夠較好滿足不同經驗用戶的需求，當然最好的做法是把決定界面該如何變化的選擇權交給用戶。

在從 Windows7 到 Windows 8 的界面演進過程中，不少用戶長期習慣了 Windows7 的開始菜單操作方式，對 Windows 8 取消開始菜單而採用磁貼方式很不習慣，直接導致 Windows 8 銷量受到很大影響。直到微軟做出妥協：在後續版本中默認打開開始菜單，並給出了用戶可以打開或關閉開始菜單的選項才讓用戶逐漸重新接受新版 Windows 操作系統。

5. 對時間的失真感

處於良好的心流狀態時，用戶不會感覺到時間的流逝。不過，如果交互過程被打斷，用戶會認為他們花費了比實際更長的時間在操作，即主觀時間持續感（Relative Subjective Duration，RSD）。此外，如果讓用戶執行一系列複雜的網絡交互任務，通常任務越困難用戶越認為他們花費了比實際更長的時間。

二、沉浸感體驗設計

近年來，國內網民數量持續攀升，但與發達國家相比，網民的消費指數較低。消費者在購物時的沉浸感缺失，是造成這一現象的主要原因之一。買方的沉浸感缺失在網絡交易中尤為明顯，這需要從心理學、傳播學和美學三個學科對其進行分析，以得出具有普適性的網絡虛擬環境下沉浸感的產生條件。在技術方面，需要通過交互技術提升以創造出具有強烈沉浸感的虛擬環境；而藝術方面，則需要通過營造沉浸美感彌補不足。

沉浸感體驗，最早用於虛擬現實領域，指用戶感覺其作為主角存在於模擬環境中的真實度。沉浸感強調對虛擬存在的心理感受，不一定是在虛擬現實的環境中，也可以用來描述任何置身非現實世界的體驗，如對文學、音樂、遊戲的沉浸等。沉浸感經常被認為是遊戲中用戶體驗的重要維度。遊戲中的沉浸感可以分為兩個層次：一是由敘事所構建的遊戲世界；二是玩家對交互參與及遊戲策略的興趣。

交互設計要實現用戶的沉浸感，以實現沉浸在交互應用營造的世界中，更容易體驗心流，從而使用戶享受交互設計帶來的心理和精神的愉悅。實現沉浸感體驗的設計需要遵循的原則：

（一）多感知體驗設計

多感知體驗指除了視覺體驗之外，交互設計還具備聽覺、觸覺、味覺、嗅覺、運動覺等多維感知能力。雖然用戶在交互應用中最經常體驗的是視覺和聽覺感知，但人的各種感知相互連通、相互作用，形成了通感。因此，對視覺和聽覺信息的巧妙設計有時也會引起用戶其他的感知體驗。

交互設計中，色彩和構圖是實現通感的重要途徑。每種顏色都會反應一定的情感，這些情感會觸發用戶的其他感知。因此，在進行交互設計時，可以利用其他感知來指導配色。而構圖可以參考攝影方法，根據主題的不同要求，營造主體突出、穩定、動感、活力等各種感覺。

1. 主色調衍生營造通感體驗

在圖片中，將主角元素作為主色調的中心，總體上只能有 1~3 種主色調，其他色調盡量採用同類色，否則會干擾信息的傳達和用戶的通感體驗。

如圖 5.13，基本上只有一個藍色色調，其他的顏色通過改變純度、明度以產生層次感，整體配色是由產品為主角進行的主色調衍生，以營造用戶的通感體驗（只有一小部分因為強調而採用了對比強烈的顏色）。這樣做使畫面色彩更加協調，同時也統一了視覺形象，便於加深用戶的印象與認知，實現通感體驗。

圖 5.13　以藍色為主色調的通感

2. 合理構圖營造通感體驗

視覺構圖主要用於綜合多種圖形元素和信息，主要是為了表達相應的主題思想。常見的視覺構圖有中心構圖、九宮格構圖、對角線構圖、放射狀構圖、三角形構圖、黃金分割構圖等。不同的構圖將產生不同的效果，可以根據傳播者的意圖為受眾營造通感體驗。

視覺構圖中最被推崇的就是黃金分割構圖，黃金分割又稱黃金律，是指事物各部分間一定的數學比例關係，即將整體一分為二，較大部分與較小部分之比等於整體與較大部分之比，其比值約為 1：0.618，即長段為全段的 0.618。0.618 被公認為最具有審美意義的比例，應用在生活中有神奇魅力。

自然界中典型的黃金分割是鸚鵡螺殼的剖面，通過對數比例的漸開螺旋，將自然之美與數字之美演繹到了極致（如圖 5.14）。

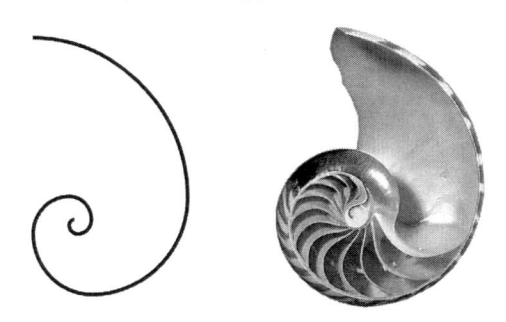

圖 5.14　自然界中的黃金分割

文藝復興時期的油畫作品中，畫家們也大量應用黃金分割比例進行構圖，甚至現代攝影藝術中也仍然廣泛使用（如圖 5.15）。通過對黃金分割的理解，我們也能夠在營銷類網頁中找到大量的示例（如圖 5.16），通過對圖中元素的組合設計，實現輕鬆自然、疏密有致、簡潔大方的構圖佈局。

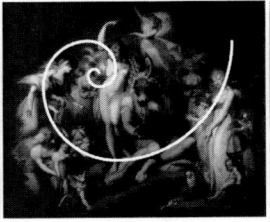

圖 5.15　藝術作品中的黃金分割

圖 5.16　網絡視覺營銷中的黃金分割應用示例

(二) 直接操作的交互方式

在現實世界中，用戶和生活用品的交互是直接操作的，所以在進行交互設計的時候，也要對此進行模仿。通過鼠標或類似於手指的光標來選擇、操控交互對象，可以營造更真實的沉浸感。

不應該以對話框或命令行的方式來實現某項功能，而應該直接的操作。通常彈出式的對話框會粗暴地將交互應用變成施令，用戶成了操作者。這樣做將會破壞沉浸感，不能使用戶完全沉浸於一個交互環境中。因此，合理的沉浸感體驗設計應該將直接操作作為理想的交互方式。

(三) 超越界面的設計

未來的交互應該超越鼠標和菜單，以更高的人工智能讓物理界面「消失」。因此，界面設計未來的趨勢將會更簡潔，讓人根本感覺不到界面的存在。當第一次和人見面時，通常會注意他的相貌儀態，而熟悉之後注意力就會轉移到交流內容上；就好像看電視一樣，剛開始還能注意到邊框和按鈕，當專注於電視內容之後，邊框仿佛消失了一樣。

如圖 5.17，這是卡梅隆的阿凡達世界，以思想灌入另外一個身體，直接與另一個真實世界交互的構想，也許這是未來終極的、無須其他設備的交互方式。

圖 5.17　電影《阿凡達》場景：將思想注入另一個身體中
圖片來源：http://image.baidu.com。

這種趨勢在當今鼠標和觸摸屏的交互條件下，設計人員開始嘗試採用三維界面來超越邊界。三維界面將可視屏幕以三維的形式展示，如同在眼前虛擬了一個真實的三維世界。與二維界面類似，三維界面也可以實現時空的轉換。三維界面由於豐富的表現力和交互性，漸漸被一些先驅企業所應用。它們依託互聯網的技術，催生了 Web3D。這種基於網絡的 3D 即時渲染技術，有兩種實現方式：一種是全景圖，一種是 3D 軟件生成。

全景圖式的網絡 3D 使用 360 度的照片拼接，使場景中的任一視角都是完整而連續的。如圖 5.18，其本質是照片拼接技術的應用。整個瀏覽過程仿佛是看環幕電影，照片真實但缺乏真正的縱深感——進入另一個場景採用的是關閉當前場景，顯示另一場景的切換場景方式。

圖 5.18　使用照片拼接技術實現虛擬旅遊
圖片來源：http://image.baidu.com。

3D 式虛擬現實技術使用 3ds Max、SoftImage3D、Maya、Poser Pro 等軟件建模，再使用 Virtools、Unity3D Pro 等虛擬引擎軟件製作虛擬現實場景和發布，最終能夠在屏幕上實現虛擬現實。如圖 5.19，這是真實的 3D 建模軟件構造的虛擬故宮的場景。3D 式虛擬現實技術可適用於三維網上商城及三維網絡游戲，其交互性更強；不僅如此，場景的變化能夠顯示三維縱深感的變化，是真實 3D 技術。

圖 5.19 使用 3D 建模和虛擬工具創建的紫禁城

圖片來源：http://image.baidu.com。

兩種虛擬現實技術各有所長，也各有自己的適用人群，可以在進行充分市場調查的基礎上採用。由於虛擬現實技術出現不久，其更直觀的人機交互方式使沉浸感體驗更強，因此在可以預見的將來，虛擬現實的三維交互方式將更加流行。

三、情感體驗設計

情感是人類最敏感和最複雜的心理體驗，甚至超越價值觀、顛覆世界觀。情感由一定的刺激條件或刺激物引起，通過感官作用於人體，並可能引起人體內部的變化，甚至觸發一定的行為。

積極的情感將會拓寬人的思想，增強行動技能，轉化為促使人們去發現思想或行動的慾望。傳達情感是人類適應生存的心理機制，也是人際交流的重要手段。人與事物的交互，會產生一種生理層級的情感體會，並會存儲在腦海中。如果相同的體驗或認知累積了 3 次以上，就會在大腦皮層中產生一個刺激點，逐漸形成一種潛意識。當引起這個潛意識的刺激出現時，便會引起情感上的共鳴或回憶。人們對於某件物品的喜好和珍惜程度，往往取決於其所能喚起的「情感回憶」，外觀及實用性在此時往往只占很小的一部分因素。因此，情感影響著人類的感知、行為和思維方式，進而影響了人們與一切事物的交互行為。

雖然情感在某種程度上會影響一個人的冷靜分析，但從設計的角度來看，情感因素卻是人與機器的有效聯繫。用戶在與各類應用交互時會產生三種不同水平的情況，分別是本能水平體驗、行為水平體驗、反思水平體驗。

(一) 本能水平體驗的設計

在交互操作發生之前，用戶對產品的本能直覺反應通常是根據視覺和聽覺採集而來的。本能水平的體驗通常由應用的外觀表現所激發，形成了用戶對該應用的第一印象。這種體驗可以迅速幫助用戶判斷和決定，因此是用戶情感體驗的基礎，也是後續兩種體驗的鋪墊。

本能水平的設計要符合人類的本能，即關注應用的直觀的和感性的設計，比如「養眼」「悅耳」「爽膚」等都是符合本能水平的設計要求。本能水平的設計可以超越文化和地域的限制，甚至在不同文化和地域中的用戶中達成共識。例如優美的輕音樂、精美的瓷器、美麗的花朵……無論處於哪個地域和文化的人，都能產生本能水平的情感化體驗。

(二) 行為水平體驗的設計

行為水平的體驗是情感體驗的中間水平，發生於用戶與應用的交互過程中。在這個水平上，用戶開始真正地使用交互應用，超越了感官感受的直覺層面，開始有了操作行為。

行為水平的設計要保證功能性、易用性、可用性和物理感覺。行為水平的設計以理解用戶的需求和期望為起點，強調以用戶為中心進行設計。比如對於操作流暢度的體會，可以增強本能水平和反思水平的體驗。

(三) 反思水平體驗的設計

反思水平的體驗看重用戶內心產生的更深層的情感體驗，其設計也更注重信息、文化及交互應用的效用等長期意義。反思水平的體驗受個人經歷和文化背景的影響，包含有意識的考慮和基於先前經驗的反思；它建立在行為水平體驗的基礎上，和本能水平的體驗沒有直接聯繫。因為反思水平的體驗主要依靠回憶來重新在大腦中評估和重構，並不是通過直接的感官感覺產生的。反思水平的體驗更加注重用戶過去的交互體驗、生活經歷，以及與交互應用設計的內在聯繫，隨著時間推移，將交互應用的意義和價值與其本身聯繫起來，決定用戶對該應用的總體印象。

因此，從時間軸上來看，反思水平的體驗更多是交互之後對該交互應用的回味。因而，反思水平體驗的設計關係到用戶與交互應用的長期關係，應該更關注交互應用對用戶的文化意義、帶給用戶的感受與想法，應該超越其可用性和易用性，產生用戶情感意義上的昇華和反思。

例如，ThinkPad 筆記本電腦黑色的經典外觀並不討巧，但在長期使用之後回味，會感謝設計師的匠心（如圖 5.20）：紅色的指點杆、不怕潑濺的鍵盤、強悍的鎂合金或

碳素外殼、貼心的小夜燈、舒適鍵程的全尺寸鍵盤、持續使用不會過多發熱的機身、高亮度的屏幕等，都會在使用之後很長時間帶給用戶良好的反思體驗，並使用戶樂於向朋友推薦。因此，能夠做到反思水平體驗的設計，需要進行反思水平的體驗設想，並對交互應用進行測試和改進。

圖 5.20　ThinkPad 筆記本電腦達到了反思水平的設計

四、美感體驗設計

　　如果交互設計能夠在滿足功用同時傳達美感，將會為用戶創造一種美感體驗。這種美感體驗是審美活動中激起的興奮愉悅等情感狀態。美感體驗是多維的，那些審美上令人愉悅的界面設計更易於被用戶接受。

　　交互設計的美學思想源於美國當代的實用主義美學。實用主義美學對美的研究從理論概括上升到實踐指導，反對現代主義美學將審美從實際生活中剝離出來，而主張審美應該設計具體生活，尤其應該包含鮮活的身體體驗。因而，美學是感覺體驗和知覺體驗的綜合。交互設計中的美感體驗不僅源於應用中的靜態造型和功能性、可用性，更是用戶和應用交互過程中產生的交互美感，包括了外觀、活動和角色的豐富性等。

　　最開始是在一些交互游戲中體現這種美感體驗設計的原則，隨著體驗設計的深入應用，越來越多的工具型應用軟件也將美感體驗設計納入其中，以使用戶更易於接受。

☆ **本章思考**

1. 可用性設計原則能夠帶給用戶什麼好處？
2. 如果讓你來設計一個交互應用，你將如何運用心流體驗和沉浸感體驗？
3. 如何實現從本能水平到行為水平，再到反思水平的情感體驗設計？
4. 美感體驗對於網絡視覺營銷的意義何在？
5. 針對可用性與體驗性設計，你能夠舉出一些你熟悉的例子嗎？

第三編　交互設計原則與流程

　　在明瞭視覺傳達與用戶體驗的基本原理之後，再進入交互設計才不至於迷失。網絡視覺營銷中，交互設計也是非常重要的一環，優秀的設計加上有效的營銷方法，將帶來卓有成效的營銷效果。

　　設計應該以滿足用戶需求為目標，交互設計通過信息架構與相關要素設計，遵循交互式設計流程及情境設計原理，最終實現網絡視覺營銷中的設計部分。

第六章　要素設計的原則與方法

交互產品的複雜性並不能因為藝術的需要、提供給用戶的易操作性而簡化。其內部結構應體現優良的信息脈絡和條理性。因此，需要從信息架構和信息要素的設計上實現。

第一節　信息架構及視覺元素設計原則

信息架構（Information Architecture，IA）是在信息環境中，影響系統組織、導航及分類標籤的組合結構。在交互設計中，信息架構主要用來解決網站或交互應用程序內部的組織、外部的導航及詮釋，以方便用戶迅捷地找到他們所需要的信息。因此，信息架構是信息的合理展示方式。

界面設計的重點在於如何處理和組織好視覺元素，從而有效地傳達交互信息。界面中的每一個視覺元素都有一些基本屬性，當各種視覺元素的各個屬性組合在一起時就給界面創造出了一定的意義。根據格式塔原理，當兩個相同屬性的元素出現時，用戶會認為它們是相關的。因此在設計界面元素時，應該考慮每個元素的視覺屬性，並且合理地運用這些屬性去創造出符合用戶體驗的界面。

一、信息架構的方法

信息架構的方法主要有從上到下和從下到上兩種。

（一）從上到下

從用戶的需求為出發點，以需求為目標導向，分析目標客戶的需求，滿足既定目標的細化。之後，形成需求規格、概要設計、詳細設計，依邏輯關係逐漸對其細化分類，最終形成一個層級結構，將內容與功能逐一對照實現。

（二）從下到上

首先搜集各類資料，然後將這些資料全部放到最低級別分類中。再將它們逐一整理到更高一級，最後構建出一個符合既定目標的層次結構。

其實，無論哪種方式都有其局限性，因此實際工作中人們通常是在兩者間尋找平衡——既要列出不斷完善和修訂的結構樹，又要同步搜集和整理資料；從上到下的方式更適用於整體的建構，從下而上的方式更適用於局部的建構。兩種方式結合起來，實際的工作效率更高。

二、信息架構的類型

信息架構的基本單位是節點，而節點可以是任意信息單位，可以小到數字，或者大到整個系統。通過節點可以組織的結構如下：

(一) 樹狀結構

樹狀結構的各信息結點之間存在著從屬關係，即一個位於中間的節點有一個父節點和若干子節點。最頂層的父節點形成根節點——這種結構仿佛就是一棵大樹，有主幹、分枝、細枝、樹葉等不同節點。

樹狀結構的信息架構方式便於電腦進行結構整理，也符合人類的理解習慣，因此在交互設計中較為常見（如圖 6.1）。我們平時在電腦上瀏覽網頁，見到的絕大多數網頁都是採用的樹狀結構來組織信息。

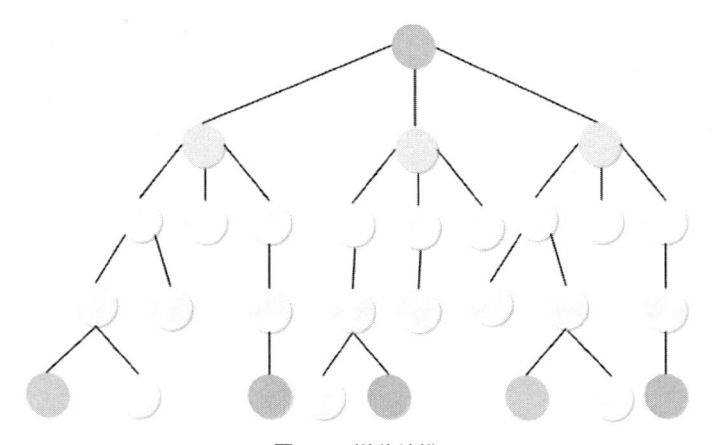

圖 6.1　樹狀結構

(二) 交叉結構

交叉結構主要是將兩個或兩個以上的結點以矩陣方式進行連結，這種結構通常能夠幫助不同需要的用戶在相同的內容中進行對比。

交叉結構本質上是一張二維表，橫軸和縱軸分別從不同維度上進行交匯（如圖 6.2）。交叉結構通常適用於某些網頁的內部表達，它使用的兩個坐標軸具有清晰、條理化的特點。

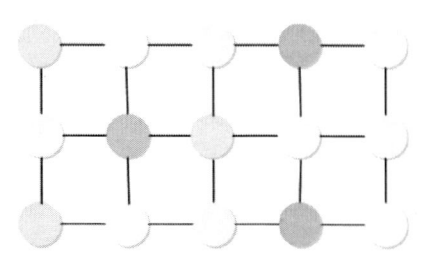

圖 6.2　交叉結構

交叉結構特別適合於進行參數複雜的商品對比，比如價格對比、尺寸對比、功率對比等（如圖6.3，這是易車網同系不同車型的參數對比）。

圖6.3　交叉結構的示例：不同配置的車型參數對比

(三) 鏈狀結構

鏈狀結構本質上是一種「半結構化」的結構，即節點之間只是被連結起來而已，不存在任何層次或交叉等隸屬關係（如圖6.4）。

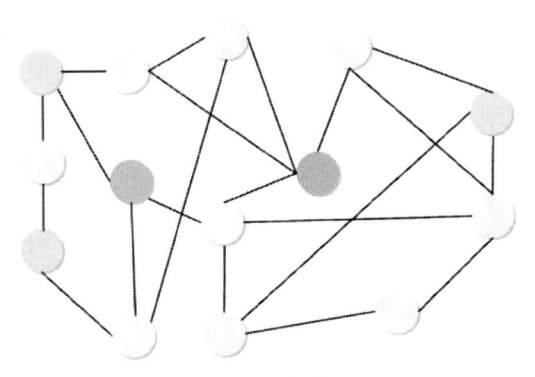

圖6.4　鏈狀結構

這種方式通常用於文章之間的關鍵詞連結，適合探索一系列關係不明確或一直在演變的主題。例如，百度百科中查詢某個詞的具體釋義後，其中可能會有其他的百科關鍵詞，點擊連結後會跳轉到另一個詞的具體釋義。鏈狀結構適合一些鼓勵探索的體驗網站。

（四）線狀結構

線狀結構相當於單線的樹狀結構，適合小範圍的信息傳遞，主要用於進行同系列元素的順序連結，例如同系列的分類視頻、同系列的分節課件等（如圖6.5）。從本質上講，線狀結構仍然屬於樹狀結構。

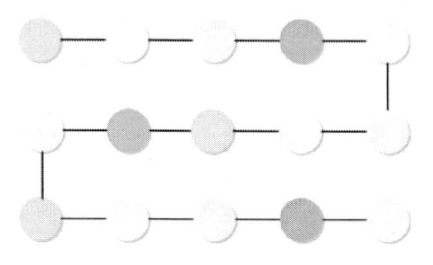

圖6.5　線狀結構

交互應用的信息架構應該符合其目標定位和用戶需求，錯誤的信息組織原則會給用戶帶來迷惑。因此在確定信息架構時，要充分權衡技術需求與用戶習慣。如果存在多種架構可能，應充分考慮和對照。

三、視覺元素屬性

通常界面元素需要關注的視覺屬性如下：

（一）形狀

通常人們會通過一個物品的外形來對其進行辨認，但有時外形也會有欺騙性，如世界上某些地方出現「怪獸」被證明是浮木或塑料管，之所以人們會誤判，跟當時的形狀判斷有關。事實上，形狀並不是產生對比或判斷的最佳屬性，人們更願意用紋理、色彩、大小等屬性進行判斷。

（二）大小

通常較大的視覺元素更容易引起用戶的注意，視覺系統會自動根據視覺元素的尺寸大小進行主觀排序。因此，如果試圖強調可以考慮適當地擴大；而試圖弱化的對象則可以考慮縮小到一定尺寸。

（三）顏色

顏色可以快速引人注意，並具備不同的文化語義性、情感性。不過，顏色本質上是無序、定性的，因而顏色並不適合用來傳達量化的信息。由於色盲色弱者的存在，不能將顏色作為傳達信息的唯一載體，而應該與其他的視覺元素，如文本，符號等配合使用。

（四）明暗

在黑暗的背景下，暗色的視覺元素不會突出顯示；而在明亮的背景下，暗色的視覺元素則會非常醒目。因此，用戶很容易覺察明暗的對比，明暗的有效處理可以突出

需要引起用戶注意的視覺元素，或隱藏不需要用戶過多注意的視覺信息。明暗的變化有一定的量化次序，可以借助明暗的順序過渡傳達一定的信息。

（五）位置

位置體現了順序和量化的信息，可以用來表現一定的視覺層次結構，如按「F形瀏覽模式」，最重要的信息應該放在屏幕的最左上角；次重要或普通的信息也可以按此方式依次擺放。

（六）紋理

界面紋理的質感，需要用戶主觀上更強的注意力才能發揮矚目的作用，因此較少用來表達需要突出的項。不過，紋理可以用來做來啟示或者隱喻，以表達一組相同或類似的操作集。

四、視覺元素設計原則

視覺元素的設計應該遵循一些基本原則，以符合用戶的認知和體驗。通常界面視覺元素的設計遵循如下原則：

（一）對比突出

對比突出不能濫用，當前的交互應用應該只突出一個主體。對比突出通常用於創造不同視覺元素之間的對比，並通過對比強調重要信息的傳達和接受。這是吸引用戶注意力的重要手段，能夠幫助用戶理解界面元素之間的結構關係。如果存在對比，則用戶自然會很容易地注意到突出的視覺元素。

在界面設計之前，需要先根據信息的重要程度將界面上的所有信息進行歸類分組，為創建視覺層次做準備。然後調整視覺元素的顏色、大小、明暗、位置等屬性來區分視覺層次。

在界面設計中，通過對比突出的方式創建清晰的視覺結構非常重要。優秀的視覺結構幾乎不會被用戶所覺察，而讓人費解的視覺結構會被用戶注意到。如果在對比不明顯的界面中，各個視覺元素都試圖引起用戶的注意，最終結果是讓用戶感覺界面紊亂無序，失去了實現視覺突出的初衷。因此，界面設計應該詳略得當，通過恰當的對比以營造清晰的視覺結構，引導用戶的視線在界面上移動。支持用戶去完成目標和任務，而不應該去讓他們為不良結構分神。

（二）條理清晰

界面設計中的某些視覺元素之間會存在著內在聯繫，設計時就需要突出視覺元素之間的聯繫，使信息的組織更加結構化，給用戶帶來條理感。

適當的提示、隱喻、隱藏，可以幫助用戶清晰理解交互應用，建立起良好的人機交互溝通。如果要做到界面設計中的條理清晰，需要做到：經常使用的元素可以在空間上組織在一起，避免用戶過多的鼠標移動。通過空間位置的一致性，讓用戶明白這些元素的關聯，並暗示存在的順序關係。

為了空間上的分組，可以將界面元素在視覺上分組，比如同大小、同色等方式。

（三）整齊平衡

　　整齊可以避免雜亂，保持視覺的流動性和連續性，使界面信息的傳達更加有效並符合人的視覺習慣。設計人員要熟練使用對齊、分佈等功能，而不要僅僅信賴肉眼的對齊能力。

　　另外，在平板電腦和智能手機中，要考慮屏幕縱向和橫向排放時不同的元素位置。要麼能夠自動適應當前屏幕的旋轉，要麼需要專門針對縱向和橫向分別設計一套界面方案。當前界面設計要充分考慮所使用設備的長寬比，目前常見的長寬比有適用於電視、電腦的 16：9，適用於大多數安卓產品的 16：10，適用於蘋果 iPad 的 4：3 和適用於微軟 Surface Pro3 的 3：2。

　　整齊的界面還需要營造一種平衡感，除了最常見的絕對對稱平衡外，還可通過明暗、色彩、大小來體現相對對稱平衡（即「心理平衡」，感覺上的平衡）。

（四）簡潔一致

　　「少即是多」的原則使簡潔成為界面設計的重要標準，有時留白也成為一種格調。界面中的顏色數量需要嚴格控製，在 1~3 種主色調之外，剩餘給其他元素的色調只剩下約 4~6 種，即總體上不超過 7 種。並且顏色的類型應該以不飽和的中性色為主，適當加入一點高對比度的顏色來強調重要信息。

　　版式設計也應該以一個或兩個固定版式為主，然後根據屏幕尺寸做大小的適度變化即可。如果有多種相關的設計元素，那麼設計風格也需要保持一致，這樣便於用戶理解上的傳承與延續。如果需要突出某個元素，則可以通過調整一個到幾個視覺屬性來製造視覺上的差異性。

　　保持一致性是實現簡潔的有效途徑，如果不是必須區分開來就應做成一樣。因為任何視覺元素及其差異的存在都需要足夠的理由，如果沒有足夠的理由就應放棄這種存在。設計中常用的測試方法是，先把某個元素去掉，測試沒有它對信息傳達和交互操作是否會造成影響。

五、視覺動線設計原則

　　動線設計是「隱形」的視覺元素設計，相對於靜態的視覺元素，它具備更高的交互體驗性。

　　前文介紹的 F 形或 Z 形的視覺動線是消費者通常自主尋找商品的瀏覽路徑，除此之外，還有 M 形或 W 形的視覺動線設計。視覺營銷者也可以通過變化的設計實現其他動線的瀏覽路徑規劃。這種變化的設計通常基於主推某一特定型號的商品（如店長推薦、最高銷量等）為目的。優良的動線設計會產生很好的誘導消費作用，在大量的銷售業績面前，消費者的網購熱情會被極大地調動起來。

　　通常視覺動線設計需要注意以下幾個原則：

（一）不要單純使用同一種視覺動線方案

　　如果一味使用簡單的 F 字形或 Z 字形動線，就會使頁面下方的關注度很低，導致

點擊率也隨之降低。這類似於按關鍵詞進行搜索的頁面，消費者會對排在前面的商品更加關注，而對於排在後面部分的內容自動忽略。如果存在多頁，更容易忽略後面的內容。

可以通過使用多種不同的視覺動線，以降低消費者的乏味感。不時在界面中產生一些趣味點，使消費者更多地被趣味點吸引；而趣味點就是相對突出的地方，它們也是視覺動線的路標。

(二) 視覺動線設計應根據不同區域劃分主次

通過一些版塊的過渡，讓消費者明確到達不同的區域。這樣就可以和不同產品的品類或風格進行一定的區分，這就類似於火車站或超市裡的指示牌，可以方便消費者盡快到達所需要的區域，不至於長時間瀏覽缺乏變化的枯燥頁面。

(三) 不要過頻使用複雜、跳躍變幻的視覺動線

雖然不斷變化的視覺動線能夠衝擊消費者的視覺神經，但過多的複雜視覺動線則容易讓消費者產生視覺疲勞。任何事情都有一個度，就像紛亂無序的繁花無法突出花朵的特色一樣。因此，視覺動線有幾種就好，能夠以簡潔、明朗的風格讓消費者停留更多的時間。

第二節　導航設計

導航可以幫助用戶確定其在交互應用中的位置，並為選擇下一步操作提供定位感。設計不良的導航容易讓用戶迷失方向、轉移用戶注意力、破壞用戶的沉浸感。

在信息架構的基礎上，導航具有類似於書籍中目錄、頁碼的效果。因而，導航首先使合理的信息架構顯得必須，其次能幫助用戶檢索到所需要的信息，以高效地完成任務和實現目標。導航通常要實現以下三個目標：

● 必須提供給用戶一種在界面間中轉的方法。

導航元素並非在界面中簡單、無序地連結，這些連結應該能促進用戶的交互，以高效實現交互目標。

● 必須傳達出導航元素內容之間的關係。

光靠連結列表顯然不足，這些導航信息應該能夠幫助用戶確定操作是否正確。

● 必須傳達出導航元素和用戶交互界面的關係。

清晰告知各導航元素與當前交互界面的關係，以便用戶確定當前交互界面在信息結構中所處的位置。

一、導航的類型

隨著交互應用的發展，智能手機和平板電腦將交互設計的導航類型進一步催化，將越來越多的導航類型呈現給用戶。

（一）全局導航

全局導航提供了覆蓋整個交互應用的通道，提供給用戶從某個界面到其他界面的路標。全局導航一般包括了整個交互應用的所有導航路徑，全局應用中的任何地點都能在此找到。因此，全局導航具有位置統一、內存變化小、統籌全局的特點。

（二）局部導航

局部導航提供了用戶到附近信息節點的通路，可以是某一個分類主題導航，設計靈活多變，指向同級或下級頁面。設計中需要注意平滑一致。

（三）內聯導航

內聯導航嵌入界面內容中，如超文本連結、圖片連結等。這種連結的內聯導航可以引導用戶探索新的信息，幫助用戶增長知識。不過在設計中要謹慎使用，因為這種導航並沒有明顯的層級關係、指向不明，容易將用戶帶入迷途。

（四）隱形、半隱、顯形導航

●隱形導航

一般以「全部商品」為標題，只有當鼠標移動到上面之後才會顯示所有類目，所占的位置最小，不易發現。

●半隱導航

一般設置幾個主要的大類標題，當鼠標移動到上面之後顯示細分類目，相對較容易發現，大類的標題能夠顯示主要構成。半隱導航顯示提示性和導購性，大類不宜太多，可以考慮適當配比方案，如圖6.6。

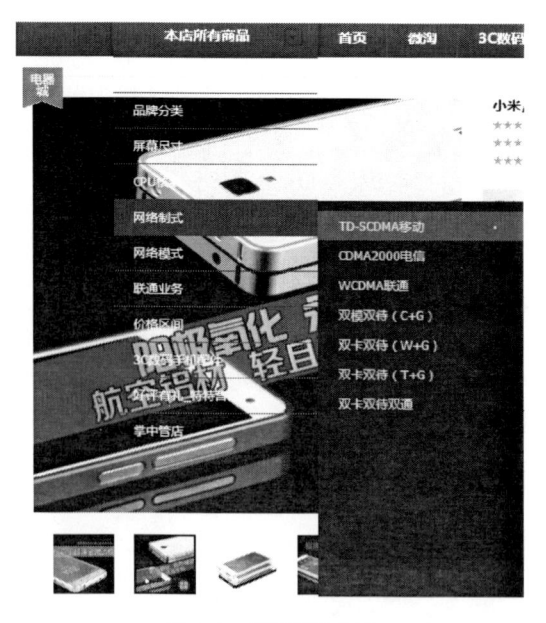

圖6.6　半隱導航示例

第六章　要素設計的原則與方法

圖6.6上，將鼠標移到「本店所有的商品」上之後，其下顯示出透明的二級菜單「品牌分類、屏幕尺寸、CPU、網絡制式、網絡模式、聯通業務、價格區間……」再將鼠標移到二級菜單「網絡制式」上，又會顯示三級菜單「TD - SCDMA 移動、CDMA2000 電信、WCDMA 聯通……」這種方式可以在不打斷當前瀏覽界面的沉浸感的同時，顯示更多明細的菜單項，同時又不占用過多屏幕空間，非常具有實用性。

● 顯形導航

顯形導航一般出現在首頁活動區域的下部，具備全面的產品類目提示，占據面積較大，容易發現。便於顧客找到分類的、感興趣的產品，以提供快捷的購物體驗，對流量進行分流和引導。

（五）輔助導航

輔助導航能夠提供快速到達同類信息的途徑，主要用於分類性推薦，例如當當網、京東網、淘寶網中的推薦信息「購買此產品的用戶還購買了……」「根據您的需要，推薦如下產品……」以用戶歸類的假設為用戶快速提供推薦品，有時會起到較好的再營銷效果（如圖6.7）。

圖6.7　輔助導航的示例

（六）聲明導航

聲明導航主要用於提供聯繫信息、法律聲明、發貨退貨、付款退款等方面的信息，這類導航用戶通常較少訪問，但又顯得很必要，因此可以考慮放置在屏幕底部或其他相對次要的位置。

（七）友情連結

友情連結提供本交互應用之外的其他相關連結，一般可以用於友鄰交互應用下載、訪問等。友情連結一般應該選擇類似的或互補的應用，以形成一股強大的整合力量。

137

（八）分享導航

當前應用的圖片、文字作品（如攝影、文字創作等內容），可以通過發送到其他公眾平臺網站上實現分享。分享導航也稱為工具箱導航，是交互產品中的新功能，能夠迅速將信息連結到另外一個平臺上，實現用戶信息的迅速分享。

二、導航設計的原則

為了讓導航快速、方便地幫助用戶定位，應遵循如下原則：

●約束選項數目。

將信息進行合理分類，盡量減少導航的數目。重要的是平衡導航的深度與廣度，以方便用戶提高查找效率。

●提供導航標誌。

為了加強用戶定位，以減少由於導航選項過多而給用戶造成的迷失，可以使用明確的導航標誌來實現。導航標誌應該是界面上持久、具備視覺聯繫的信息，以提供清晰的導航線索。

●提供總體視圖。

總體視圖應該固定於某一空間位置，讓用戶習慣瀏覽。總體視圖可以採用文本的方式，逐級顯示當前的應用所在。

如：主頁面>商品頁面>箱包頁面>背包頁面>戶外背包頁面。

●避免複雜的嵌套。

在現實世界中，信息的存儲和檢索存在於一個單層分組中，至多不超過三層（例如，中藥的存放：藥房→藥櫃→藥屜；圖書的存放：書庫→書架→架層）。因此，在用戶的概念模型中應更多以單層或雙層來組織信息，避免嵌套結構過於複雜。

導航設計還包含了交互設計，以符合交互產品中的設計理念和整個界面的設計風格。導航選項應明顯區別於產品主內容，並且不同界面的導航的視覺風格和交互方式應當保持一致。

第三節　視覺風格與商品陳列

在傳統零售業中，店鋪不同的設計通常會給消費者不同的第一印象。這些第一印象會傳達給目標消費者一些重要的信息，從而引導消費者進入店鋪，或者吸引過往的潛在顧客，並形成短時記憶。這些印象或感覺，會對消費者下次光臨產生較大的影響。

這些影響也是一種營銷的定位，在網絡視覺營銷領域就是視覺風格的定位。

一、視覺風格的信息傳遞

在電腦或智能手機上，屏幕的大小是有限的。其中，一眼可及的範圍，稱為「首屏」。首屏的重要性不言而喻，因此重要的信息通常要占據首屏。不過，首屏的大小畢

竟有限，因此視覺信息的傳遞還需要通過滾動、下拉，甚至翻頁、打開連結的方式才能看到更詳細的內容。

用戶會非常珍視最開始看到頁面（首屏）的 5 秒鐘，如果 5 秒鐘內他認為這不是他需要停留的地方會立即關閉當前頁面。那麼 5 秒鐘內，我們能夠在首屏傳遞給用戶什麼信息呢？答案是視覺風格。

由於無法展示完整的內容，因此最具吸引力、標示化的信息會突出地集中在首屏。當用戶看到首屏內容後，就對店鋪或者網站有了一個初步的印象和瞭解，並開始做出心理預期，看是否和自己的需求相匹配。這個過程可能是潛意識的、無法察覺的。

以實體店為例，如果顧客遠遠隔街看到一家店鋪，是否進入會通過以下幾點做出決定：

●首先，大概是賣什麼商品。

是水果店、服裝店、五金店還是咖啡店？這個最基本的需要讓顧客決定是否有興趣更深入地細看。

●其次，店鋪展示出什麼樣的風格。

是品牌專營店還是大排檔？是當季熱賣的還是存貨處理？是門可羅雀還是人來人往？櫥窗的風格是否能夠吸引顧客？大體的陳設是如何的？

●再次，大體的價位是否符合心理預期。

從店鋪的裝修程度、整體格調上，顧客大體會有一個價格的預期，如果進店後看到的價格和心理價位的差距不大，會進一步吸引顧客。

●最後，促銷活動的力度。

人流量足夠大、促銷活動明顯、氣氛熱鬧，無疑會對顧客產生極大的吸引力。

另外，銷售人員的著裝及工作狀態、燈光、商品的品類與數量等也會吸引顧客。

因此，同樣道理，網絡視覺營銷中，首屏對受眾會產生類同的效果，所以需要引起足夠的重視。

二、視覺風格的定位

(一) 視覺風格的規劃

設計過程中視覺風格定位的準確與否，直接關係著最終的網站或網店能否得到受眾的認同與喜愛。風格的定位需要明確經營的產品類型、行業、優勢特徵、受眾類型、受眾情感、當時主流話題、年齡層次、價格範圍等不同的內容，在此基礎之上對網店或網站的視覺風格進行定位。

圖片的風格主導網店或網店的風格，主要在突出產品的質感、模特姿勢妝容、背景、品牌、場景、配飾等方面，以圖像敘事的結構與語法邏輯實現視覺說服。另外，分析產品適用的年齡範圍，在圖片的設計、選擇、製作時均需要與這個年齡段消費者的喜好、潮流、風格相匹配。具體的分類，可以通過多閱讀時尚類的雜誌、與該年齡層的人士交流等方式獲得靈感與認知。

正確認識顧客之後，將適合這個產品、品牌和顧客的風格確定下來，再進行具體

的圖文設計、製作，一般需要在主色、版塊佈局、產品特寫、服務特色等方面進行細緻的規劃與思考，之後再採取合適的設計。

（二）品牌型與營銷型的定位

傳統零售業中，店鋪會通過視覺衝擊的方式傳達給顧客一些重要信息。不同的店鋪會傳達不同的風格，無論是傳統的實體店還是互聯網上的網店，不同的風格會帶來完全不同的視覺風格。因此，通常我們需要在設計之前明確營銷的視覺風格定位。

一般而言，我們會分成品牌型和營銷型兩大類：

1. 品牌型

這類店鋪裝修精美、價格高企、品質好，從不打折或很少打折。這樣的店鋪給人的視覺焦點更多地集中在品牌和商品上，並且所代表的品牌的定位和形象的展示品價位也較高。這類店鋪通常吸引對這類品牌商品感興趣的、有足夠消費能力的顧客。

（1）品牌型視覺定位

品牌型的網站或網店需要突出品牌特色或優勢，特別是相對於同類產品的競爭力，以達到識別定位的目的。在為品牌型網站或網店進行定位設計時，要注意弱化價格敏感度、強化產品設計、生產工藝、服務。

圖 6.8 為品牌牛仔褲的網店首屏，主圖中採用牛仔褲的暗藍色背景，再加上獨具特色的縫線、銅扣將產品的特色與質感展露無疑，暗示出用料與品質的不凡。另外再通

圖 6.8　品牌型網店首屏

過不同位置的 Logo 標誌，強調出百年品牌。首屏底部還有適用於手機的二維碼，以便於在手機中迅速尋找到移動店鋪。

（2）品牌型設計規則

●首頁的風格

品牌型網店或網站要給顧客創造品牌強、商品質量優異、服務一流的好印象。因此，需要將品牌的 Logo、商品大圖或體現質感的局部、服務優勢等盡量放在前幾屏，讓顧客能夠首先接收這些信息。

品牌型設計的首屏對圖片畫質要求較高，強調商品質感。因此，在配色上應盡可能與品牌標誌的色調相統一。設計要求大氣、簡約、乾淨，必要時甚至可以採用極簡理論的法則，將背景做得極簡且灰暗，以突出主體。

●強調價值

整體信息將弱化價格、強調價值。避免在價格上用過多強烈的對比色彩，避免產生「便宜貨」的感覺。縮小數字，放大文字賣點和圖片，將顧客注意力吸引到商品的價值上。

●弱化促銷

避免出現促銷常用的一些文字或手法，避免出現價格過低的印象，價格應該放在相對最下面的位置。

2. 營銷型

以促銷、打折、低價來吸引過往的人流入店購買，如大排檔、超市等，給人的感覺是價格低且實惠。這類店鋪主要賣點不再是商品的品牌或品質，而是超值的感覺。這類店鋪通常吸引對價格敏感的顧客。

（1）營銷型視覺定位

營銷型的網店或網站重點突出的就是價格優勢，以區別於同類產品或網店。一般營銷型網店的價格略低於同類產品，同時需要營造一種熱賣的氣氛，因此在視覺定位上將更偏重於促銷。

如圖 6.9，這是營銷型網店的首屏。這家店突出了「包郵」「買一送三」「超低價格、一流服務、上乘質量」「滿額優惠」等信息，營銷意圖明顯。圖中下方還有售前、售後、投訴等服務聯繫方式，以突出讓顧客放心、超值、劃算。

如圖 6.10，這是營銷型網店的後續屏。這裡更多地突出了產品、打折、特價、促銷等信息。大量的活動聚集在一起給人以強烈的刺激，給顧客造成物超所值、優惠劃算的心裡感覺。

網絡視覺營銷

圖 6.9　營銷型網店首屏

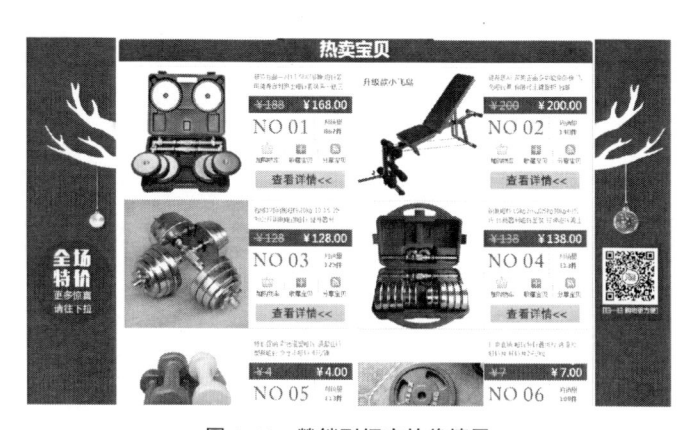

圖 6.10　營銷型網店的後續屏

(2) 營銷型設計規則

●首屏風格

價格非常優惠，而且可能有時間限制，給人以快來買、不買錯過要後悔的印象。如果可能，首頁的圖片通常為精選的產品或店家推薦的熱銷品，在質量、服務、銷量、用戶反饋等方面都有不錯的表現。具體產品在首屏就出現，但不宜過多，應該為精選的產品。

●突出服務

雖然產品是重點，但為了讓顧客放心，必須解除顧客的後顧之憂。因此，通過圖

片或文字的方式突出服務，讓顧客打消顧慮。

● 營造時間上的緊迫感

通過劃線的原價（高於現價）、當前打折的緣故或促銷的時間，以突出購買的緊迫感，讓顧客盡快下手。

● 突出低價效果

通過對比（包括同類的產品、不同的色彩、醒目的數字、誇張的表情或字形字體等）的方式，突出低價感。

● 營造圍觀效應

通過鮮明的色彩對比、加粗的字體、其他顧客的評價反饋等打造視覺上的圍觀效應。

3. 品牌型網店的促銷

品牌型網店也有促銷的時候，比如節慶日或店內打折。不過相對於營銷型的店鋪通常顯得更低調。通過弱化價格數字、減少活動面積以及給連結的方式使顧客對主要頁面的印象仍然停留在以品質為主的低調奢華感。

如圖 6.11，秋季新品首發的更多營銷信息隱藏在「點擊進入」的連結之後，讓顧客更多地感受產品的質感。

圖 6.11　品牌型網店將活動詳情隱藏到連結之後

如圖 6.12，網站雖然沒有出現具體的打折價格，但給出了節慶活動的氛圍，並且有時間的限制，雖然並沒有具體的產品，但天貓網站的節慶促銷感已經營造出來了。

圖 6.12　沒有具體價格但活動氛圍明顯的設計風格

三、商品陳列與關聯搭配

(一) 商品陳列的原則

在網絡營銷過程中，商品的陳列與傳統營銷領域的商品陳列一樣重要。早期的視覺營銷就是從傳統店鋪的櫥窗陳列開始的，不同的陳列方式和風格會營造出不同的銷售氛圍，進而影響不同的消費者心理狀態。因此，美觀、合理的陳列方式將有助於實現網絡視覺營銷的營銷目標。

一般而言，商品陳列需要注意的基本原則是：顯眼突出、格調統一、韻律感、關聯。

顯眼突出的目的是為了讓需要突出的產品成為圖片中的主角，可以用色調明顯的對比或者構圖來實現。如圖 6.13，這是一款小鳥形態的水果刀，在相對暗淡的背景前，繽紛的色彩和對角線構圖以及類似於小鳥的張角非常引人注目，一下子就成為了圖片中的主角。同時，小鳥形態的小刀是 4 把等距排列，和圖 6.14 中的瑜伽墊的卷曲並排一樣，有韻律感在無聲地展開。

圖 6.13　規律陳列的小刀

圖 6.14　結合背景的韻律感陳列

具有關聯性的產品既可以搭配銷售，又可以考慮在陳列時放在一起，以產生更好的視覺效果（如圖 6.15）。

圖 6.15　具有關聯性的茶具可以陳列在一起

除了以上的陳列方式外，還有同系列或同質地的同類產品的搭配，這樣可以消除視覺疲勞，打破過於公式化的陳列規律（如圖 6.16 和圖 6.17）。

圖 6.16　高低錯落的同系陳列

圖 6.17　面積不等的同系陳列

(二）關聯搭配的類型

商品的關聯搭配其實是通過關聯陳列的運用，針對有相似消費需求的人群進行研究和分析，將他們有潛在需求的商品搭配在一起，從而提升關聯率，增加銷售的機會。商品的關聯搭配可以通過相應的組合，再配合搭配優惠（比如搭配包郵、搭配折扣等）以創造營銷業績。

1. 自由組合與推薦組合

商品關聯搭配分為自由組合的搭配（本質上還是一種推薦，如圖 6.18 和圖 6.19）和推薦組合的搭配（如圖 6.20）。無論哪種搭配，都要注意搭配的風格要統一，要給人以原生配套的感覺。

圖 6.18　自由搭配折扣優惠的電腦

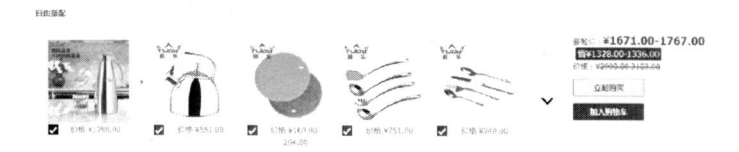

圖 6.19　自由搭配折扣優惠的餐具

圖 6.20　推薦搭配的服裝

自由搭配或推薦搭配，可以方便消費者更容易挑選商品。商品的關聯搭配讓消費者不用考慮是買還是不買，而是讓消費者直接考慮買哪一個組合更合適。搭配是提供給消費者的解決方案，特別是針對不確定性強的消費者，推薦搭配的關聯陳列就顯得

尤為重要。

從盲目的不確定性到推薦的選擇，離達成銷售更近了一步，暗示消費者的其他潛在需求也可以在這裡一併解決。通過對這種消費心理細節的把握，店鋪以陳列風格的搭配將視覺信息準確地傳達給了消費者。

2. 並列式與遞進式

如果細分一下，其實商品的關聯搭配還可以分為並列式和遞進式兩種。

（1）並列式

並列式搭配是將同類可替換的商品放在一起，有需求的顧客將會從這些可替換的商品中選擇一種或多種；並列式陳列給了顧客最大的選擇自由，並且分類細緻，但同時也容易帶給用戶挑花眼的迷茫（如圖6.21，通常用戶只會從中選擇一件商品）。

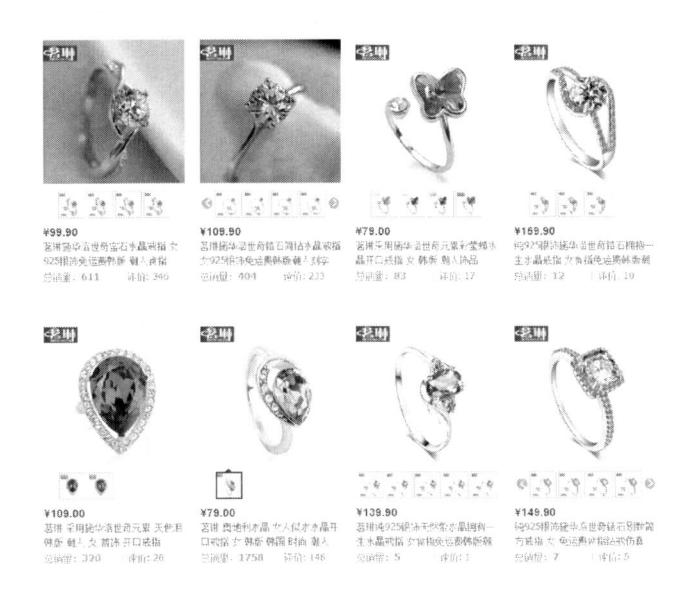

圖6.21　並列式陳列的戒指

（2）遞進式

遞進式搭配則如同《三十六計》中的「連環計」：當用戶選擇一件商品時，設想用戶使用此商品的情景，再推薦相配合的關聯商品，這些商品並不能像並列式搭配那樣可以相互替代，用戶如果缺此產品，只能在給出的關聯中繼續挑選，直至形成一個相對完善的情景滿足。

如圖6.22，用戶在購買了自行車之後，可能會選擇一系列的配件，並且這些配件之間相互不能替代，用戶在推薦指導下一次性選購有利於節省時間、精力和運費，並盡早獲得成套的使用體驗。

圖 6.22　遞進式搭配的自行車配件

3. 高度自定義式

特別成熟的顧客不會滿足於簡單的自由組合或推薦組合，並列式或遞進式的搭配陳列風格也顯然不足以吸引他們。他們需要的是高度自定義，是 DIY（Do It Yourself，自己動手做）或者可操控的半成品製作。

這類要求自由度特別高的商品，只需要給出材料的組成列表、相應的組裝說明書，就可以讓顧客自己動手，滿足顧客高度自定義的心理需求。

如圖 6.23，用戶只需清點組成材料，再按說明書操作即可自定義完成一件精美的、充滿成就感的瓶景作品。

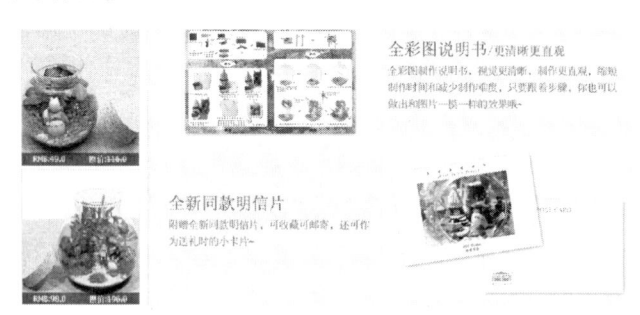

圖 6.23　高度自定義的瓶景

商品陳列涉及設計人員對色彩、空間的把握，還要對視覺心理和市場分析進行研究，絕對不是簡單意義上的商品排列。因此，要經常分析顧客的心理需求和有目的性地改進陳列風格，才能有效提升品牌形象、營造品牌氛圍、培養消費者的審美觀、引發消費方式和購物觀念的改變。在越來越同質化的今天，商品陳列能夠有效增強識別性。

第四節　文本設計

　　文本是指書面語言的表現形式，從文學的角度說，其通常是具有完整、系統含義的一個句子或多個句子的組合。一個文本可以是一個句子、一個段落或者一個篇章。文本指的是作品的可見可感的表層結構，是一系列語句串聯而成的連貫序列。文本與段落的區別是，文本構成了一個相對封閉、自足的系統。蘇聯符號學家洛特曼指出，文本是外觀的，即用一定的符號來表示；它是有限的，即有頭有尾；它有內部結構，具有固定的確定和單一的意思，為表達這種意思的正確性所限定。一般地說，文本是語言的實際運用形態；而在具體場合中，文本是根據一定的語言銜接和語義連貫規則而組成的整體語句或語句系統。

　　由於圖形對視覺的衝擊巨大，人們在關注屏幕時往往首先被圖像所吸引。並且，人類在獲取信息的過程中，那些「視覺化」了的事物往往能增強表象、記憶與思維方面的反應強度，這一現象被稱為「視覺化效應」，同時人們獲取圖片信息要比文字信息更加快捷，並且印象深刻。

　　因此，**文字在其中所起的作用並不是簡單的文字內容信息的傳達，而是文字視覺化以後給受眾的影響**。然而，交互界面中很多信息傳達需要文字為橋樑，僅僅通過圖像的隱喻或啟示是不夠的。這個時候，文字（有深刻含義的單字）和文本（詞組、短語、句子、段落等）就開始粉墨登場，為進一步突出或補充圖片的視覺效果發揮作用。

　　文本與字體有自己的知覺特性及設計原則；熟練運用FABE法則，將有效實現視覺營銷的信息傳達。

一、文本及字體的設計原則

　　人們主要是通過文字的形狀來辨識文字的，形狀差異越顯著的文字，越容易被識別。英文文本中，連續的小寫字母比大寫字母更易於識別；因此要避免全屏使用大寫字母，只在需要強調的局部大寫（這一點很像中文文本中使用粗體字的法則）。

（一）知覺特性對文字閱讀的影響

　　我們閱讀一段文字的時候，要經過這麼一個過程：感覺→知覺→記憶→反饋。具體來講就是，眼睛看到→大腦對看到的符號進行加工→選擇性理解和記憶→有針對地做出反饋。

　　首先，進入感覺階段，人眼像相機一樣將眼睛採集的視覺信號（物理光信號）通過神經傳到大腦，轉化為心理信號，大腦就是照相機的暗房。視神經細胞將要處理這些信號。其次，進入知覺階段，文字識讀過程是一種意義加工的過程，如果沒有意義，所有儲存人類文化的符號系統就都失去了存在的意義，包括文字、樂譜、數學符號、密碼等。

　　知覺的作用就是使感覺獲得意義，大腦暗房的處理就是將沒有秩序的感覺碎片組

織成穩定有序的知覺系統。這類似將照片按照一定的規則排序，再連續不斷地放出來。知覺組織過程存在四個原則，即知覺的恒常性、選擇性、整體性和理解性。

「研表究明，漢字的順序並不定一能影閱響讀，比如當你看完這句話後，才發這現裡的字全是都亂的。」這句測試文字順序的文本，充分證明了知覺恒常性在視覺傳播中的特點——人們其實更關心形式所引申的內容，並不一定在乎個別字序。因此，知覺的恒常性，說明文字順序並不一定影響閱讀。

知覺的恒常性就是當客觀條件在一定範圍內改變時，我們的知覺映象在相當程度上卻保持著它的穩定性。簡單說，就是人對一件事物的認識在一定程度上是穩定的，始終如一的，超過這個穩定性，人就會覺得奇怪。比如，我們會認為遠處的事物顯得小並不是真的小，因為我們的認知經驗會讓我們偏離錯誤的認識。

至於選擇性、整體性，則根據個人認知經驗來補足我們看到的視像中不完整的一面，讓我們有選擇地看認為是正常的事物。這些知覺特性，正好被魔術師們所利用。

而知覺的理解性是人們以已有的知識經驗為基礎去理解和解釋事物，使它具有一定的意義。在根據已有經驗對新認識的事務加工的過程中，有關知識經驗越豐富，對知覺對象的理解就越深刻、越全面，知覺過程也就越迅速、越完整、越正確。

由於知覺的四個特性，我們閱讀一段文字的時候，不是一個字一個字閱讀的，而是一段語義接著一段語義。在同一段語義裡，錯誤的字序並不影響整體意義的知覺加工，因為我們壓根就沒認真看字，我們的閱讀單位是一段語義。不僅是漢字，任何文字都有這樣的規律。只是因為漢字特有的形音形義的字形構造，其單字的信息含量巨大，其語義的表達也更豐富，當然糾錯能力和閱讀速度也會比英語快。

如圖6.24，網上商品的文字描述過多，其實絕大多數消費者根本就不會花精力去認真看字，很多內容被忽略過去了。

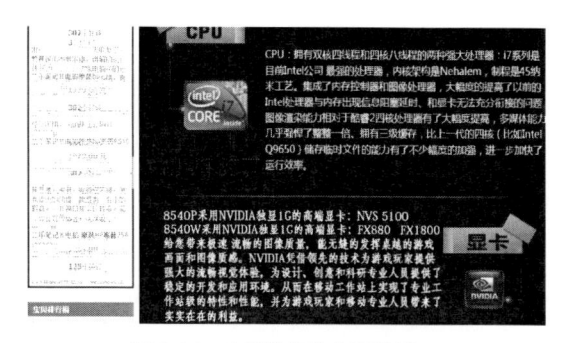

圖6.24　文字過多的內容描述

（二）文本設計原則

由於視覺傳達以圖像印入腦海的方式為主，因此我們接觸到文字時，首先進行的是辨識，這涉及文本的易讀性；其次再是閱讀文本，有意識地掃描個別詞彙，並根據上下文的含義來理解。因此，交互界面應該盡量少使用大篇幅的文本（法律聲明一類的例外，當然也可以用連結的方式讓用戶離開當前頁面另行閱讀以減輕當前的沉浸感打斷過程）。通過這種方式，我們將內容精煉地提取出來，讓顧客從相對簡潔的文字中

獲取相對大量的內容。

1. 文本的易讀性

文本的易讀性要求設計文本時必須清楚地區分文字形狀、筆畫、結構，讓受眾迅速獲取、認識，提高理解力和認識的準確度。另外，需要考慮文本的背景、使用環境等。

2. 內容的可讀性

內容的可讀性要求在易讀性的基礎上，使受眾盡量使用自身可理解的語言，盡量避免使用專業術語和理解有歧義的文字。另外文本的字間距不宜過大、行間距應以 1.5 倍或雙倍為主，如果是大量的漢字文本（如書籍內容），水平字數應控製在 30～35 個比較合適。

如圖 6.25，黑體字的標題中嵌入了變化的報宋體字，其實也只是起輔助作用，重點仍然是右側的黃水晶手鏈，在黃色背景的渲染下，褐色的文字顯得比較突出。當然，細密的大段文字是舒發情懷的，在圖片正中調節整體平衡；其實沒有多少人會去認真、細緻地全部閱讀。

圖 6.25　文字為輔

(三) 文字設計的字體

文字設計的字體在不同的環境中有不同的講究，常用的字體有宋體類、黑體類、書法類、創意類四大類型；另外在不同的環境下會以加邊框、發光、變化背景顏色或圖案、疊加等方式來變形。

如圖 6.26，這是加上了白邊的彩色黑體字。黑體字醒目而清晰，彩色也是在背景配色的基礎上嚴謹處理的，既突出又不至於不協調。

其中，宋體和黑體類一般用於表現正規的地方，宋體、特別是報宋體，能傳達給人以威嚴、標準的印象，多用於正式場合；仿宋體、細圓體多用於較秀氣的字體表達；黑體沒有筆鋒，多用於強調，除了普通的黑體以外，有時也使用微軟的美黑體以顯得更典雅一些。

創意類變化繁多，如竹節體、綜藝體、雪峰體、火柴體、水滴體等，通常配合黑體字再略做變化。由於每種字體各具風格，在設計時要充分考慮當時的使用環境，綜合運用；為了提高自己的設計能力，要多觀摩優秀的設計作品。

圖 6.26　加上白邊的彩色黑體字

如圖 6.27，這張圖上的文字以黑體為主，加入了少量的綜藝體，可以去除全部黑體字的單調感；同時這張圖上通過營造溫馨的家居氛圍、搭配相關商品形成關聯陳列，非常容易實現關聯營銷。

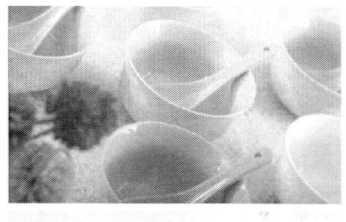

圖 6.27　偶用綜藝體可以去除全部黑體字的單調感

書法類多以隸書、楷書為主；近年來也流行一些書法名人的字體，以實現更多的變化，如舒同體、神工體、葉根友字體等。

書法類、創意類多數可以用於網店的店招等領域，可以更多藝術化一些，另外有些具備獨特文化氣息的地方也可以適當使用書法類（包括中國漢字書法和藝術化的英

文書法）的效果。

通常的文字之間存在著層次的佈局，而層次的體現多用大、中、小以形成前、中、後景的層次感佈局。另外，適當的文字字體、字形（粗細）、樣式及風格的變化，也可以形成不同的效果。

如圖 6.28，在文字處理方面非常用心，通過字體的大小和顏色的變化實現了內容與重點的區分：較大黑色的字體「高品質 304 不銹鋼」突出特點；藍色的中等大小的黑體字「保溫性強、無異味、耐腐蝕」突出這種不銹鋼的優勢；更小的黑體字留給需要進一步瞭解這種不銹鋼產品特點的人——「最健康的壺具原料，獨具除氯功能……」進一步將產品優勢傳達給消費者。

圖 6.28　內容分區、重點突出的內容描述

二、商品營銷經典的 FABE 法則運用

（一）FABE 法則概述

FABE 法則是由美國奧克拉荷大學企業管理博士、臺灣中興大學商學院院長郭昆漠總結出來的。FABE 法則是非常典型的利益推銷法，同時其可學習性、可操作性也很強。它通過四個關鍵環節，逐步深入，極為巧妙地處理好了顧客關心的問題，從而順利地實現產品的銷售。

●F（Features）商品的特質

F 指的是本項產品的特質、特性等方面的功能。如產品名稱、產地、材料、工藝、定位、特性等，深刻去挖掘這個產品的內在屬性，找到差異點。

產品的特質、特性應該具備或提煉出各自最基本的功能；以及它是如何用來滿足顧客的各種需要的。例如從產品名稱、產地、材料、工藝定位、特性等方面深刻去挖掘這個產品的內在屬性，找到差異點。

每一個產品都有其功能，否則就沒有了存在的意義，這一點應是毋庸置疑的。對一個產品的常規功能，許多推銷人員也都有一定的認識。需要特別提醒的是：要深刻

發掘自身產品的潛質，努力去找到競爭對手和其他推銷人員忽略的、沒想到的特性。當你給了顧客一個「情理之中，意料之外」的感覺時，下一步的工作就很容易展開了。

●A（Advantages）特質的優勢

商品特性究竟發揮到了什麼程度？要向顧客證明「購買的理由」：與同類產品相比較，列出本產品的比較優勢；或者列出這個產品獨特的地方。可以直接、間接去闡述。例如更管用、更高檔、更溫馨、更可靠等。

●B（Benefits）優勢的利益

商品的優勢帶給顧客的好處。利益推銷已成為推銷的主流理念，指一切以顧客利益為中心，通過強調顧客得到的利益、好處激發顧客的購買慾望的推銷方式。這實際上是右腦銷售法則特別強調的，用眾多形象的詞語來幫助消費者虛擬體驗這個產品。

●E（Evidence）相關的佐證

通過技術報告、顧客來信、報刊文章、照片、示範等，以現場演示、相關證明文件、品牌效應來印證剛才的一系列介紹。所有材料應該具有足夠的客觀性、權威性、可靠性、可證實性。

則簡單地說，FABE法就是在找出顧客最感興趣的各種特徵後，分析這一特徵所產生的優點，找出這一優點能夠帶給顧客的利益，最後提出證據，通過這四個關鍵環節的銷售模式，滿足消費訴求，證實該產品確能給顧客帶來利益，極為巧妙地處理好顧客關心的問題，從而順利實現產品的銷售訴求。

(二) 整理過程

1. 首先列出商品特徵

首先應該將商品的特徵（F）詳細地列出來，尤其要針對其屬性，寫出其具有優勢的特點。將這些特點列表比較，應充分運用自己所擁有的知識，將產品屬性盡可能詳細地表示出來。

2. 接著是商品的利益

所列的商品特徵究竟發揮了什麼功能？對使用者能提供什麼好處？在什麼動機或背景下產生了新產品的觀念？這些也要依據商品的特徵，詳細地列出來。

3. 客戶的利益

如果客戶是零售店或批發商，當然其利益可能有各種不同的形態。但基本上，我們必須考慮商品的利益（A）是否能真正帶給客戶利益（B），也就是說，要結合商品的利益與客戶所需要的利益，通過商品的價值為顧客創造價值。

4. 相關的佐證

相關的佐證即各類資質證明書、照片、商品展示說明、錄音錄像帶等證據，用以進一步實現對消費者的視覺說服。

(三) FABE法則的視覺展示

FABE法則在網絡營銷過程中經常用於描述商品，善加運用將起到很好的效果，產

生舉足輕重的作用。商品廣告因為表現有限，如果用 FABE 法則就可以起到推薦效果，提高點擊率。

為了能夠更好地學習 FABE 法則，以下從幾個案例入手，引入 FABE 法則展示效果。

1. 骨瓷產品

如圖 6.29，這是一件骨瓷釉中彩產品的 FABE 法則應用的示例。左上部是 F：介紹骨瓷釉中彩的特徵；左下部是 A：介紹釉中彩的 4 個優點「健康、花色鮮亮、耐磨損、易清洗」，並分別用相對突出的標號和黑體字來突出。每個優點的好處介紹是 B：在每個優點的標題下，是關於這些優點帶給消費者的好處，用更小的黑體字來表述（如果消費者沒興趣就直接忽略，有興趣會停下來細看，照顧了不同精力和專注度的消費者）。右側的內容是 E：檢測報告與正品保證，提供證據讓消費者放心。

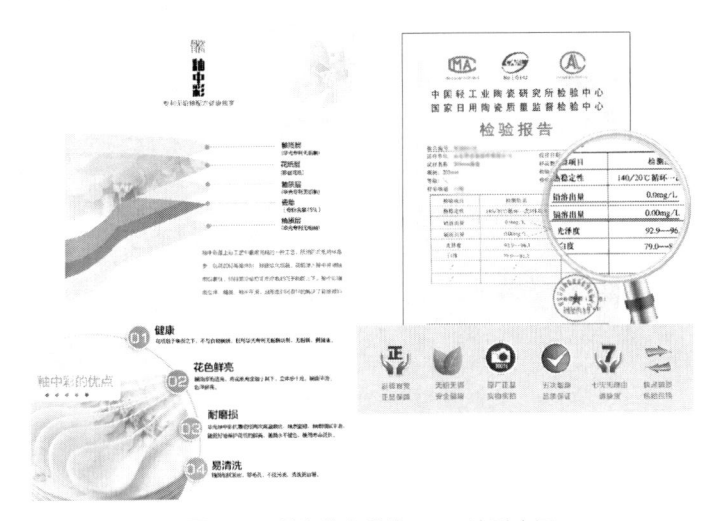

圖 6.29　骨瓷釉中彩的 FABE 法則應用

2. 紅心獼猴桃

如圖 6.30，這是紅心獼猴桃的 FABE 法則應用示例。頂部的果實大小、外形、紅心、無毛等是 F（特徵）。左中部的「營養居 24 種水果之冠」，還特別比較了營養很高的、同類的綠奇異果，並進一步突出了「口感優於國內外選育的任何獼猴桃品種」，這是 A（優點）。左下角的「高維生素 C、膳食纖維、超低卡路里、礦物質」，以及同排的「軟熟時的獼猴桃，維生素 C 含量增加 30%」「壞果包賠、破損包賠」則是 B（帶給顧客的利益）。右中的「標準化示範區」VS「普通種植」「生產技術支持」VS「普通種植」、有機產品認證證書等則是 E（證據）。這些內容充分打消了消費者的顧慮，激發了購買的慾望。

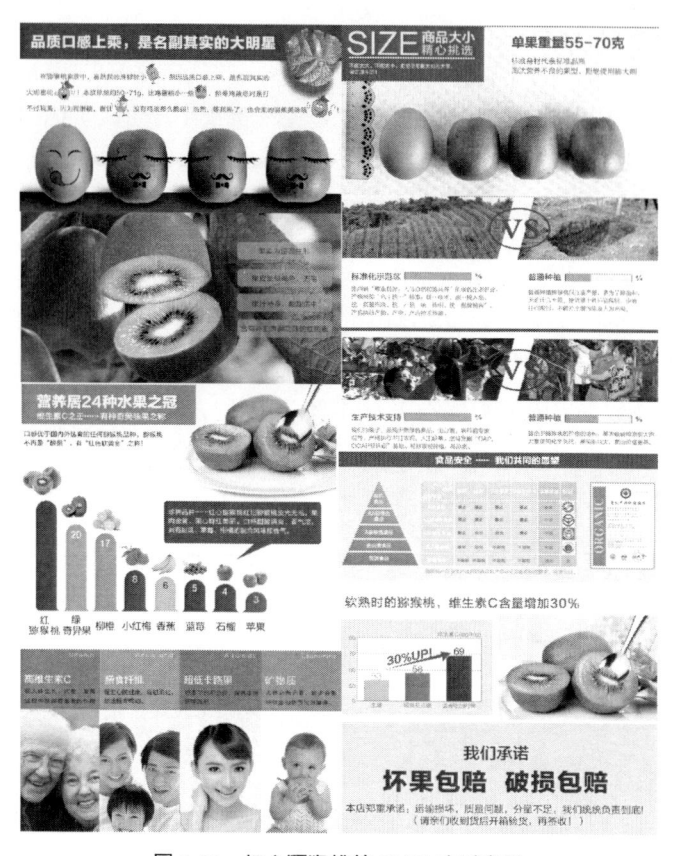

圖 6.30　紅心獼猴桃的 FABE 法則應用

☆本章思考

1. 視覺動線的設計對於網絡視覺營銷有什麼作用？
2. 對於網店營銷而言，輔助導航有什麼利弊？
3. 品牌型和營銷型的視覺定位有什麼區別？
4. 品牌型網店中，將更多營銷信息隱藏到「點擊進入」的連結之後，其根本的意義何在？
5. 商品陳列一般要注意什麼原則？
6. 自由組合與推薦組合的搭配，在給消費者傳達信息的效果和目的上有什麼異同？
7. 在你看來，並列式與遞進式搭配哪一種更容易實現網絡視覺營銷的成功？理由是什麼？
8. 如果你準備設計一款高度自定義產品，如何去尋找網絡目標客戶？
9. 知覺的四個特徵對於文本設計的啓悟是什麼？
10. 為什麼要關注文本的易讀性和內容的可讀性？
11. 如何運用 FABE 法則來進行視覺設計？

第七章　交互設計流程

交互設計作為網絡視覺營銷中的設計部分，其實已經在我們的身邊流行了很多年。無論是基於我們的日常生活還是工作，與顯示屏、設備之間進行交互已經使我們有了很多體驗和感悟。

譬如，USB 接口流行了多年，通常我們會覺得它的單側插口設計在每次插入前要分一個正反面（Mini USB 和 Micro USB 則採用梯形接口來避免插錯），有時需要試好幾次才能正確插入；直至 2012 年蘋果公司發布 Lightning 接口（如圖 7.1）之後，人們才驚喜地發現：原來正反兩面都可以插入！原來我們已經被 USB 不人性化的插口折磨了十多年！

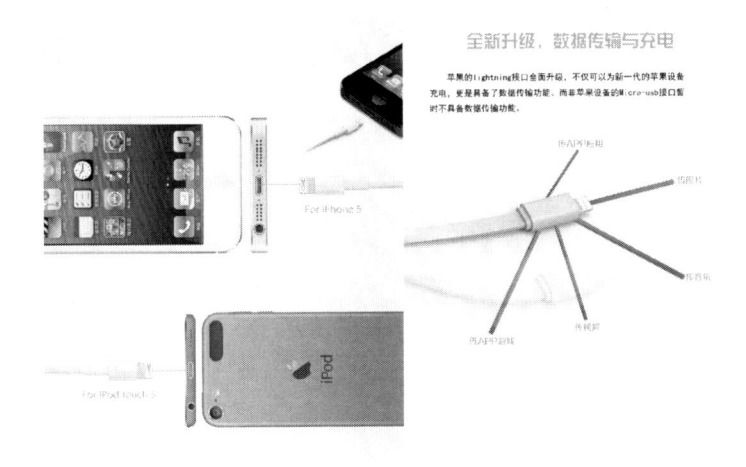

圖 7.1　Lightning 接口

統計表明，將 USB 插頭插入工作設備的插槽中人均需要花費 5.06 秒。速度最快的人只用了 0.8 秒，而最慢的竟然耽擱了 8.6 秒才連上。大部分人第一次都將充電器插反了，第二次插入需要額外的 4.5 秒。關鍵是這種反覆插入的過程，給人不好的交互體驗，並且增加挫敗感和焦慮的心情。

當人們終於意識到這一點之後，USB 的新標準也在醞釀改進之中。USB3.0 推進小組在合作公司的幫助下，開發出了最新的 USB 標準，並推出了新型 USB 連接器——USB3.1 Type-C 連接器（如圖 7.2）。USB3.1 Type-C 與現行的 USB 接口的尺寸不同，要小得多，大概 8.3 毫米寬、2.5 毫米厚，與蘋果的 Lightning 數據線差不多。不僅體積變小、不分正反隨意插、數據線的兩端接頭一樣，而且功能絲毫不差，無論是充電還

157

是數據傳輸都相當給力，傳輸帶寬可達 10Gbps。

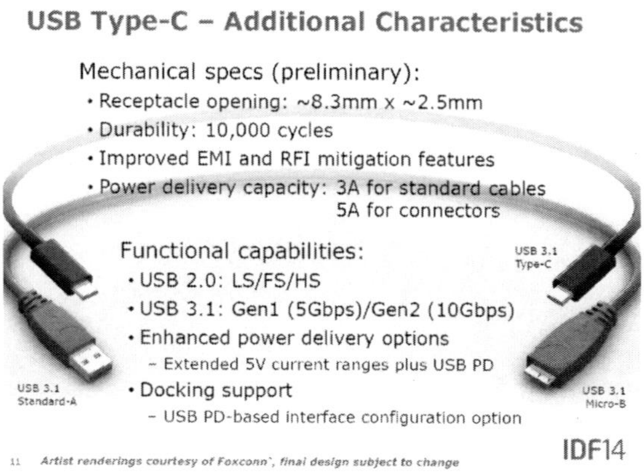

圖 7.2　USB3.1 TYPE-C 連接標準出抬

那麼，與我們交互甚多的各類應用是否也存在這些情況呢？如果細細去回顧，估計也會找到一些。除了通曉各類設計原理外，遵行交互設計法則與流程，也能盡量規避設計中不合適的情況出現。

第一節　交互設計概述

一、交互設計起源與未來

（一）史前時代

交互設計起源於史前，例如地上畫的箭頭方向，古代中國長城上點燃的用於溝通的狼煙，中國蒙古族使用的敖包等，它們具備易於辨識、標記、理解的特性。

（二）莫爾斯電碼時代

1835 年，美國人艾爾菲德·維爾發明了莫爾斯電碼，當時他正在協助薩繆爾·莫爾斯進行摩爾斯電報機的發明。他創建了一個把簡單的電磁脈衝轉換成鉛字的系統，用來遠程傳遞詞語。莫爾斯電碼是一種早期的數字化通信形式，經過 50 多年的完善，莫爾斯電碼和電報傳遍全球。

莫爾斯電碼在早期無線電上舉足輕重，是每個無線電通信者所必須知道的。由於通信技術的進步，各國已於 1999 年停止使用莫爾斯電碼了。

（三）穿孔卡片時代

計算機發明出來之後，人們需要花費數小時準備供計算機讀入的穿孔卡片或紙帶，這些卡片或紙帶就是一種交互界面。早期的計算機主要用於實驗室或科學計算，對於人機交互方面考慮甚少。

在隨後的時間裡，工程師和工業設計師們創建了人類因素（Human Factors）的新領域，開始關注為不同身高和體型的人設計合適的產品；而人類工效學（Engonomics）領域則關注工作者的生產效率和安全性，確定執行任務的最佳途徑；認知心理學（Cognitive Psychology）則關注人類學習和問題求解。

（四）鍵盤、鼠標、畫板時代

20世紀60年代之後，工程師開始關注使用計算機的人，並開始設計新的輸入方式和新的機器使用方法。工程師們在計算機前裝上了控製面板，允許通過複雜的開關進行輸入，通常與被分組的卡片配合使用。

鍵盤的使用從機械打字機時代就開始了，在計算機時代則順理成章地成為主要的輸入設備。當電腦程序能夠輕鬆識別英文命令時，人類也可以通過在鍵盤上輸入命令形成命令行進行操作；1964年第一只鼠標發明之後，圖形界面的輸入利器也產生了。

1963年，泰德·尼爾森（Ted Nelson）提出了「超文本（hypertext）」概念；同年，伊凡·薩瑟蘭（Ivan Sutherland）的畫板（Sketchpad）系統也誕生了。如圖7.3，這是第一個完全實現圖形用戶界面的計算機程序。這是人類有史以來第一個交互式繪圖系統，也是交互式電腦繪圖的開端。在此基礎上，人們相繼開發了CAD和CAM，它們被稱為20世紀下半葉最傑出的工程技術成就之一。1965年，泰德·尼爾森發表了一篇名為「終極的顯示」的論文，描述的就是我們現在熟悉的「虛擬現實」（Virtual Reality）。早在虛擬現實技術研究的初期，蘇澤蘭就在其「達摩克利斯之劍」系統中實現了三維立體顯示。增強現實系統是指在真實環境之上提供信息性和娛樂性的覆蓋，它是蘇澤蘭在進行有關頭戴顯示器的研究中引入的。

圖7.3　1963年的幾何畫板（Sketchpad）
圖片來源：http://it.gmw.cn/2013-02/14/content_6690265_7.htm。

Sketchpad的成功最後成為蘇澤蘭作為「計算機圖形學之父」的基礎，並對計算機仿真、飛行模擬器、CAD/CAM、電子游戲機等重要應用的發展起到了重大的推動作用。

(五）觸屏、語音識別輸入時代

20世紀90年代，萬維網出現，交互也越來越被看重。除了鍵盤、鼠標，人們也引入了觸屏、語音等輸入方式。

1971年，在美國一所大學當講師的山姆·赫斯特在自家小作坊裡製作出最早的觸摸屏「Accu Touch」。1973年，美國《工業研究》雜誌將觸摸屏技術評為「最重要的100項新技術產品」之一，並預言這種技術將得到廣泛運用。直到1982年，山姆的公司在美國消費電子展覽會上展出了33臺安裝了觸摸屏的電視機，普通消費者才第一次親手「摸」到神奇的觸摸屏，這引起巨大轟動。從功能上來分類，觸屏技術分為紅外線式觸屏、電容式觸屏、電阻式觸屏、表面聲波觸屏。這些觸屏技術各有優劣，隨著時代的進步，電容式觸屏佔據了大部分觸屏產品，包括我們所熟悉的智能手機、平板電腦等。

麥克風和聲音卡發明之後，語言輸入發展一直較慢。由於語音中語義識別的難度較高，一直到近年蘋果公司在iPhone 4S中推出Siri智能語音識別輸入之後，智能語音交互應用才得以飛速發展。中文典型的智能語音交互應用如蟲洞語音助手、訊飛語音已得到越來越多的用戶認可。除此之外，谷歌公司正在研發的Voice Action、三星公司的S Voice、微軟的Cortana（小娜）等都在嘗試這一領域的應用。

隨著各種技術的綜合運用，越來越多的交互設計產品開始湧現。其中，「第六感」裝置就是其中的佼佼者。雖然現在我們努力通過手機、電腦等一系列設備保持與數字世界的聯繫，但麻省理工大學媒體實驗室的印度裔學生普拉納夫（Prarnav Mistry）則反其道而行之，嘗試將無形的數字信息帶入有形的現實世界，使整個世界成為一臺電腦。這套名為「第六感」（SixthSense）的裝置，由一個網絡攝像頭、一個微型投影儀附加鏡子、一個掛在脖子上的電池包和一臺可以上網的3G手機組成，如圖7.4。

圖7.4 Prarnav Mistry在演示「第六感」裝置的操作
圖片來源：http://image.baidu.com。

「第六感」能在識別佩戴者手中的物品後提供相關信息，並通過加速度感應器來識別使用者操作菜單的手勢，最後以語音的方式輸出閱讀器獲取的信息。在普拉納夫看來，數字信息以像素的形式被限制在顯示屏幕之中，如果保留像素顯示的方式，但是去除屏幕的限制，他就不需要再去學習在不同介質上顯示這些信息時要用的「語言」了，於是他想到了用攝像頭來讀取自己操縱這些數字信息的手勢。

「第六感」最創新也最迷人的地方，在於把一切不符合直覺的操作都隱藏了起來。使用「第六感」時，人們以最符合直覺的方式與虛擬世界交互。攝像頭拍攝一切——只需要用兩只手的食指和拇指比出一個取景框就可以拍照，只需要用手指指指點點就可以作畫，只需要拿起一本書就可以在封面上看到亞馬遜書店對這本書的評價，想把一段文字從書上輸入到計算機中只需要用手指比劃一下。它拋棄了過去六十多年來那些操作計算機的方式，讓人們可以像操控真實世界的物體一樣隨時從數字世界中抓取自己需要的內容。一切盡在指尖。

這就是「第六感」裝置如此吸引人的原因。它將真實與虛擬結合為一體，使用攝像頭將真實世界的東西拖到虛擬世界當中，加以識別、判斷，用一個攝像頭作為眼睛，讓軟件和互聯網成為大腦，並且用投影儀將其展示在任何平面上。它不像是我們熟知的計算機，更像是我們的第三只眼睛和被延伸了的大腦。幾部隨處都可以看到的設備，加上一點點軟件魔法，就成了一種潛力驚人的工具。

在 2009 年 TED 大會上，普拉納夫展示的這個可隨身攜帶的電腦系統立刻獲得了轟動，有人認為，這項發明甚至會顛覆現有的筆記本電腦和平板電腦產業，有人認為：「未來的人們可以不需要平板電腦和筆記本電腦了，這對於這些產業可能是致命的打擊。」每天都會有大量郵件湧來，而普拉納夫則仍然在改進與升級他的系統，甚至計劃於未來某個時間裡免費公布全部研究成果，包括源代碼。

二、交互設計的發展與意義

(一) 交互設計的發展

20 世紀 80 年代，IDEO 的比爾·莫格里奇（Bill Morggridge）意識到，他正在創立一些不同尋常的產品，它不是交流設計，也不是計算機科學，當然也不純粹是傳統的平面設計或多媒體技術。在 1984 年的一次設計會議上，他一開始給自己的設計命名為「軟面」（SoftFace），由於這個名字容易讓人想起當時流行的玩具「椰菜娃娃」（CabbagePatchdoll），他後來把這種聯結用戶和產品的東西更名為「InteractionDesign」——交互設計。

簡單地說，交互設計是人工製品、環境和系統的聯繫行為，以及傳達這種行為的外形元素的設計與定義。不像傳統的設計學科主要關注形式、內容和內涵，交互設計則是在規劃和描述事物的行為方式後，描述傳達這種行為的最有效形式。

進入 21 世紀，交互設計逐漸從一門狹窄和專業化極強的學科，發展到今天在全世界擁有數萬名從業人員的產業，儘管有時候從業者並不知道自己準確的職業名稱。不過，這並不妨礙交互設計的發展與興盛，一些大學開始開設置交互設計方面的課程，

甚至設立了專門的學位；一些大型企業的設計部門也開始有專職的交互設計師。

交互設計借鑑了傳統設計及工程學科的理論和技術。它是一個具有獨特方法和實踐的綜合體，而不只是各部分的疊加，具有一定的科學邏輯性。它也是一門工程學科，具有不同於其他科學和工程學科的方法。

儘管我們每天都在與交互設備打交道，但要為它準確下一個定義卻相當困難。部分原因在於它起源於多學科的交叉：如工業和信息設計、人因學、心理學、用戶體驗、人機交互、多媒體技術、平面設計、三維設計、色彩學、攝影、建築、美術、音樂、歷史、人文、電影與電視、戲劇……同時還有很多交互隱藏在後臺不可見。那些功能類似、外觀類同的系統（如Windows、iOS、Android）及其設備應用，在體驗上為什麼感覺差異那麼大？因為交互設計是關於人類行為的，與外觀相比，行為更難以觀察和理解——與經常使人抓狂的微妙事務相比，大家更容易發現與評價一個產品的外觀和色彩。那些外觀高仿的山寨手機與原生的蘋果手機，儘管兩者在外觀上看起來上幾乎一致，但深入使用之後的感受和體驗真讓人「莫可言狀」。

交互設計是一門特別關注以下內容的學科：
- 定義與產品的行為和使用密切相關的產品形式。
- 預測產品的使用如何影響產品與用戶的關係，以及用戶對產品的理解。
- 探索產品、人和物質、文化、歷史之間的對話。

（二）交互設計的意義

1. 交互設計從「目標導向」的角度解決產品設計
- 要形成對人們希望的產品使用方式，以及人們為什麼想用這種產品等問題的見解。
- 尊重用戶及其目標。
- 對產品特徵與使用屬性，要有一個完全的形態，而不能太簡單。
- 展望未來，要看到產品可能的樣子，它們並不必然就像當前這樣。

2. 為什麼要進行交互設計

在使用網站、軟件、消費產品、各種服務的時候（實際上是在同它們交互），使用過程中的感覺就是一種交互體驗。隨著網絡和新技術的發展，各種新產品和交互方式越來越多，人們也越來越重視對交互的體驗。當大型計算機剛剛研製出來的時候，可能因為當初的使用者本身就是該行業的專家，因此沒有人去關注使用者的感覺；相反，一切都圍繞機器的需要來組織，程序員通過打孔卡片來輸入機器語言，輸出結果也是機器語言，那個時候同計算機交互的重心是機器本身。當計算機系統的用戶由越來越多的普通大眾組成的時候，對交互體驗的關注也越來越迫切了。

從用戶角度來說，交互設計是一種如何讓產品易用、有效且讓人愉悅的技術，它致力於瞭解目標用戶和他們的期望，瞭解用戶在同產品交互時彼此的行為，瞭解人本身的心理和行為特點，同時，還包括瞭解各種有效的交互方式，並對它們進行增強和擴充。交互設計還涉及多個學科，以及和多領域、多背景人員的溝通。

通過對產品的界面和行為進行交互設計，讓產品和它的使用者之間建立一種有機

關係，從而可以有效達到使用者的目標，這就是交互設計的目的。

交互設計不僅是外觀的美學設計，更多地需要考慮用戶交互時的感受。為了達到交互設計的目的，交互設計師甚至需要創建紙制、泥制、手繪等各類原始模型，從構思到原型，再從原型到協作與約束測試，最後再創建一個合適的方案。在這個設計過程中，需要大量引入其他研究領域的科學，廣泛採取多學科思維方式來產生靈感和方案；甚至包括引入情感因素，讓人機交互達到情感上的皈依與協同。

第二節　交互設計基本流程

交互設計是一個以用戶為中心的、關注用戶體驗的高效設計方法，包含了多階段的問題處理流程。在設計過程中，不僅要求設計師分析和預測用戶如何與產品交互，而且要在真實的使用環境下，通過對實際用戶的測試來驗證自己的假設。

以用戶為中心的交互設計過程，其設計理念是嘗試圍繞用戶如何能夠完成操作、希望操作和需要操作來優化交互產品，而不是強迫用戶改變他們的使用習慣來適應設計師的想法。

如圖 7.5，交互設計的基本流程：設計研究→項目架構→項目細化→原型製作→測試與開發。

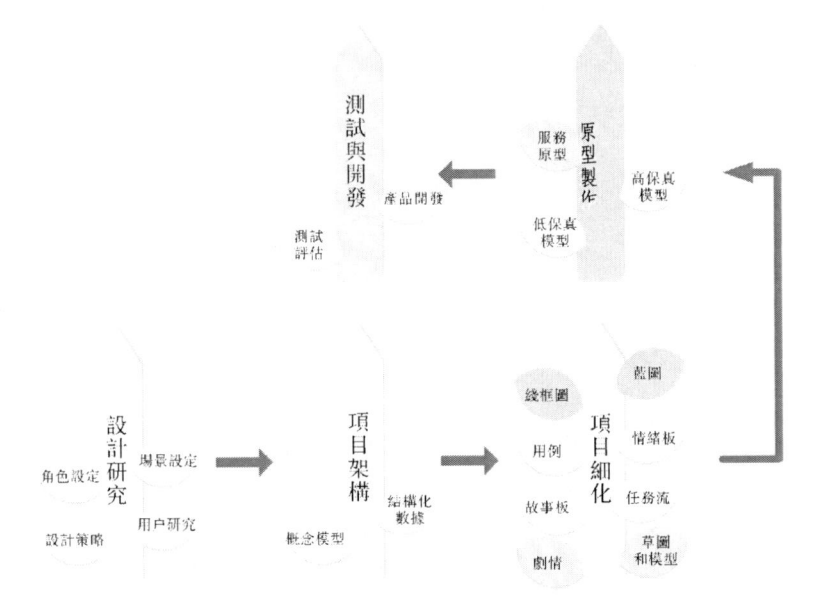

圖 7.5　交互設計基本流程

一、設計研究

設計研究是通過各種不同的方法調查和設定某種交互產品或服務的潛在用戶或現

有用戶及其使用環境的活動。設計研究是人類學、科學和社會學研究、戲劇、項目管理和設計等學科方法的交叉，採用諸如觀察和訪談等方法獲取用戶的數據，提示用戶參與交互的目標和動機。這些方法甚至包括用戶測試，在真實場景中一直活動，如角色扮演和模仿等。

設計人員使用這些研究方法來獲取被測試者和他們所處的環境信息，設計人員之前可能並不瞭解這些或存在猜測上的偏差，這樣可以更好地幫助他們根據這些被測試者和環境來進行設計。設計人員通過這些方法來瞭解產品和服務所處的情感、文化和美學背景，這也就是設計研究的意義所在。

交互設計中某些工作（如用戶研究）是交互設計人員不願意去做的，而就從事網絡視覺營銷工作的最終成效而言，這一點又顯得很重要。許多設計人員信任的是自己的直覺、知識和創造產品的經驗。這種不做設計研究，直接進行交互設計工作的做法，有相當大的風險存在。在一個小項目或者設計高手極其熟悉的主題範圍內，這也許是正確的「天才設計」；但對於大多數項目、不熟悉的文化背景、不熟悉的用戶群，這樣的做法會給後期工作帶來嚴重的後果，並付出高昂的代價。

設計人員通常會在他們專業設計領域之外的項目中進行工作，除了要成為一名有直覺的設計天才之外（老實說，這一點比較難），還要理解與自己不同的人以及他們的生活工作環境，最好的辦法當然就是做研究。如果產品是為某類客戶定制，除了提供某種特徵和功能，設計研究也會特別有用；對這些特定用戶的特定工作，設計人員通常不會容易接觸到。

設計研究可以幫助設計人員與用戶發生共鳴。對用戶及其周邊環境的理解，有助於避免用戶不良體驗的產生；有時設計研究也會為設計人員帶來靈感。

（一）設計策略

設計策略是交互設計的起點，是對整個設計工作的綱領性約定。類似於軟件工程中的「需求分析」、項目管理中的「項目前期工作」等。

1. 確定問題研究的範圍

確定問題研究的範圍主要是針對當前設計項目的邊界約定，具體可以細化到：
- 該項目的工作確切地應該包括什麼內容（最好以分級的表格來列出）？
- 該項目的工作大體應該不包括什麼內容？
- 該項目適用的範圍與人群是哪些？
- 該項目可能使用的技術要求和技術難點是什麼？
- 該項目的資金預算是多少？
- 該項目的時間預算是多少？
- 該項目的驗收和質量標準是什麼？
- 該項目主要解決什麼問題、達成什麼目標？
- 該項目的使用背景是什麼？

……

2. 確定設計產品的主要特色

將要設計的產品應該具備一定的使用價值，即和其他產品相比，用戶在使用這個產品時獲得的回報是什麼？對於交互產品而言，創建不同的用戶體驗是突出產品特色的重要方式。

3. 創建項目計劃

所有的項目都由項目三要素來約束：時間、成本、質量。即在既定的時間內，花費既定的成本（如金錢、人力、技術等），實現既定的標準的目標。

因此，設計策略能確定近期或更長期的產品計劃。設計策略在於確定不做什麼，應該做什麼，以便專注於自己的產品方案。

（1）產品路線圖

產品路線圖是相對靜態的項目計劃，應該直觀、易於調整。可以使用的方法是先採取白板加隨意貼紙進行組合。這個過程需要反覆的討論、移動，最終確定下來之後可以拍照留存；或將最終決定的結果打印出來，張貼到全體設計組成員方便看到的地方。

白板一般宜採用1米以上寬度（個別小型設計工作室可以採用90厘米×60厘米），隨意貼一般為邊長7.6厘米的正方形。每一張隨意貼將作為一個任務面板，隨意貼按表7.1的排列方式分為4個區域：

- 左上角是「時間起止範圍」，通常填寫的「月份・日期」，如：7.1-7.21。
- 右上角是「當前任務責任人」。通常填寫當前任務的主要負責人姓名，並由他負責組織其他相關人員完成當前任務。
- 中間是「當前任務編碼」和「當前任務內容」，「當前任務編碼」有時會被省略，它的主要功能是標示當前任務，以便將複雜任務導入電子表格之後的快速查詢與定位；「當前任務內容」則描述當前任務，最好是以動賓結構或主謂結構來描述，如「編寫交互腳本」「場景風格設定」等。
- 最下面為備註項，在未完成任務時通常為空，而任務結束時如果存在超支、時間超限、任務質量不達標等原因就需要在裡面填寫備註，以便於及時進行修訂、保證整體任務的完成。

表 7.1　　　　　　　　任務面板（隨意貼）的填寫

時間起止範圍 （如：7.1-7.21）	當前任務責任人 （如：張三）
當前任務編碼（如1200）　　　　　　　　　　　　　　　　　　　　　　　當前任務內容	
備註（通常填用於寫超支、超限、不合格等原因）	

任務之間存在著一定的前後關係，即某些任務必須在另一些任務完成之後才能開始，而某些任務則必須在另一些任務開始之前完成，這樣就形成了一種相對前後的「緊前任務」與「緊後任務」。這種任務被稱為「串行任務」，即一定是前後相關的，不能同時進行的任務。

任務之間還存在一種並行關係，即有些任務因為當前任務責任人的不同和時間的同步，可以同時進行，這種任務被稱為「並行任務」。

由於並行任務的原因，有些串行任務之間則可能相對寬鬆，這樣就有了一定的回旋餘地，其中可以自由支配的時間被稱為「浮動時間」。

無論哪種任務關係，最終都應該在產品路線圖中表達出來。如圖7.6，這是一款交互產品的產品路線圖。左右排列的任務面板表示串行任務、上下排列的面板表示並行任務。圖中的15個任務面板充分表現出產品的路線完成狀況，各任務面板有自己的開始與結束時間、任務負責人、任務編碼、任務內容。

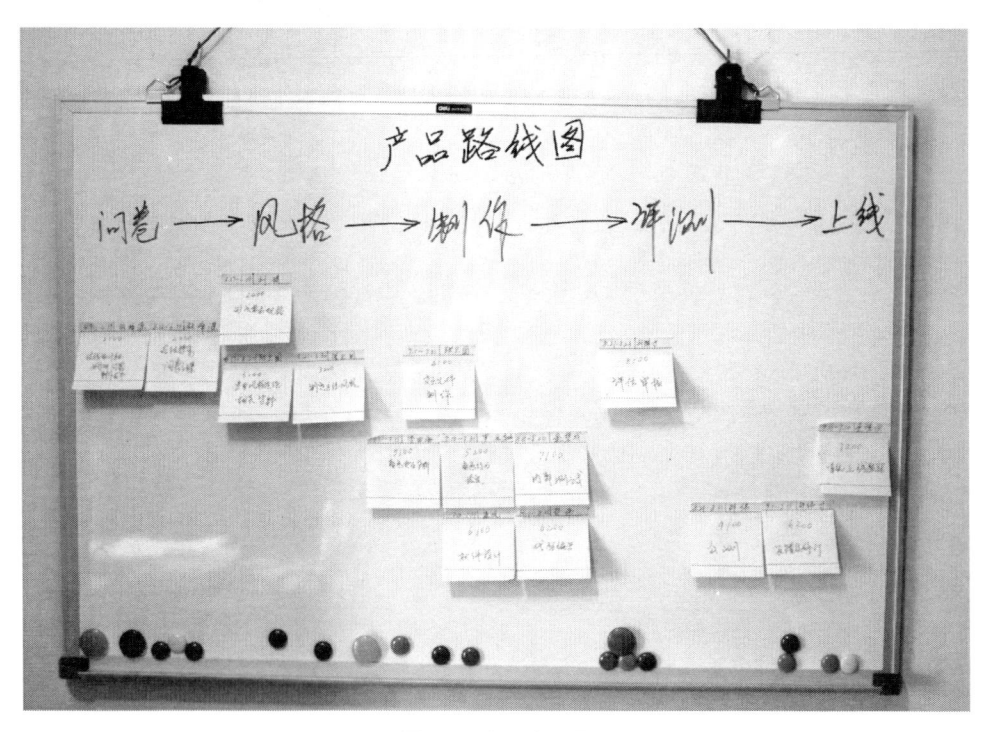

圖7.6　產品路線圖

產品路線圖設定之後，即開始按計劃進行。包括技術準備、人員招募、資金籌措、場地落實等其實應該更早於產品路線圖進行（因為通常產品路線圖設定於既定的設計公司內部，這些準備工作已經屬於常態，只待產品計劃審核通過後就可以到位，因此這裡就省略掉了；否則，這些工作應該另做一個前期計劃並執行）。

（2）任務看板

任務看板是執行中的動態項目計劃，通過任務看板可以看出當前任務的執行狀態

和執行進度，有利於隨時把握和分析任務進行過程中的不合理因素，糾正不正確的或有偏差的狀態。

如圖7.7，這就是一個任務看板的樣例。將圖7.6的產品路線圖拍照留存、打印張貼之後，將白板擦掉，按圖7.7繪製出「未啟動欄」「任務進度欄」和「未達標欄」，然後根據當前實際情況進行張貼：

●未啟動欄

「未啟動欄」中張貼的是還沒有開始的任務面板，因為樣例中當天日期（任務進度欄右側括號內）為7.10（7月10日），所以「未啟動欄」張貼開始日期大於7.10（7月10日）的任務面板。

●未達標欄

「未達標欄」中張貼的是已經過期的（通常為已經完成）但未完全達標的任務面板。在「未達標欄」中張貼的過期任務面板下部備註欄要填寫未達標的原因，如超支、時間超限、任務質量不達標等具體原因，以便追責和補救。

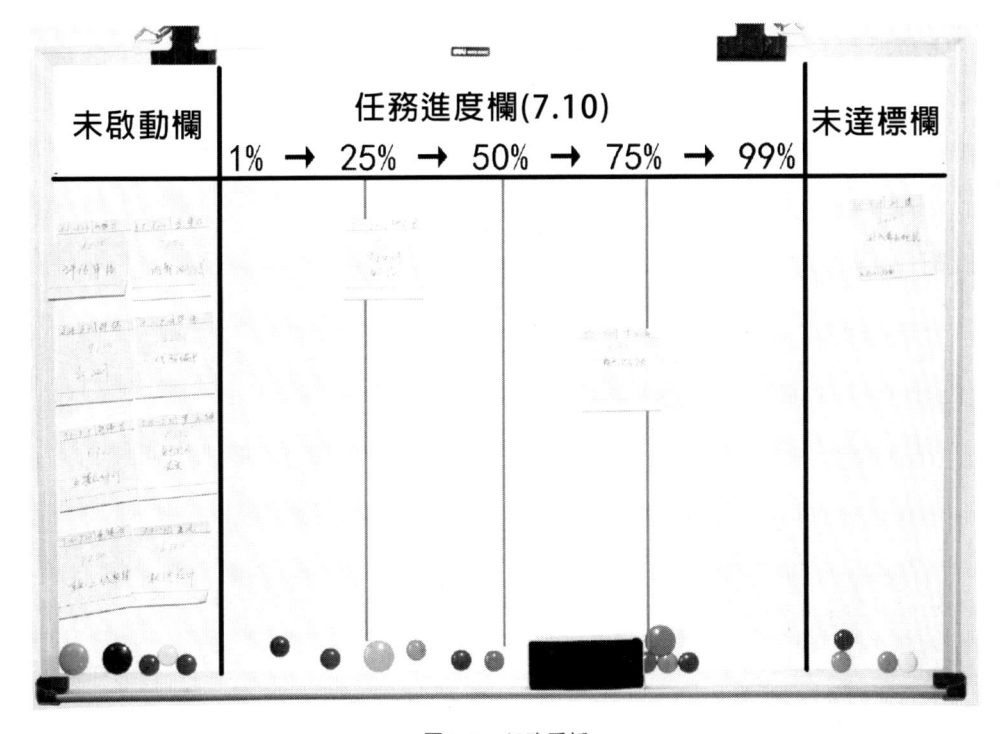

圖7.7　任務看板

在圖7.7中，樣例中張貼的是結束日期為6.19（6月19日）、任務責任人為「劉琪」、編號為2400、任務內容為「形成需求規格」的過期任務面板，其備註填寫的是「規格修訂超期」。

如果某個任務正常完成（100%）且沒有任何未達標的情形，則直接撕掉該任務面板並丟棄。

● 任務進度欄

「任務進度欄」以 1%、25%、50%、75%、99% 為界點分成了 5 個小進度里程碑（為了更便於觀察，在 25%、50%、75% 處往下分別劃一條紅色豎線）；欄目右上側則書寫出今天的日期（樣例中是 7.10）。每天需要更改當天日期和各任務面板的張貼位置（進度）。

樣例中「任務進度欄」裡張貼了正在進行的任務：「4100 交互元件製作」和「5100 角色交互分析」。張貼的位置非常講究，因為這表示該任務目前實際的進度情況。

例如「4100 交互元件製作」，其日期範圍為「7.1~7.31」，當天日期為 7.10（7 月 10 日），如果按正常進度進行，當前日期約為總進度的 33%（用當前日期 10 除以日期範圍的結束日期 31 得到）。該任務面板目前張貼的位置在 25% 的紅線偏右，說明該任務進度正常。

再如「5100 角色交互分析」，其日期範圍為「7.1~7.15」，當天日期同樣為 7.10（7 月 10 日），如果按正常進度進行，當前日期約為總進度的 67%，該任務面板目前張貼的位置在 75% 的紅線偏左，說明該任務進度也是正常的。

在任務進度欄中，還可以通過任務面板張貼的位置高低來確定當前的任務的重要程度——更重要的任務更高、更次要的任務更低。

相對於電腦中的項目管理軟件，任務看板更直觀、易用，筆者在實踐過程中多次用於進度控制，其在小型項目中完全可以取代甘特圖、PERT 圖、時間線等項目管理工具。

（二）用戶研究

用戶研究主要用於確定用戶需求，並根據用戶需求細分用戶，為創建人物角色提供依據。

進行交互設計的設計師很容易在潛意識中把自己幻想成理想的用戶，認為自己的想法就是理想用戶的想法。事實上，在以用戶為中心的交互設計中，設計師並不瞭解理想用戶的真實需求、情感、文化及自己的符號。研究數據的有效性取決於是否找到合適的被試者，因此需要對研究用戶進行招募。

根據預期的條件，招募大約 4~6 名符合條件的用戶進行訪談；訪談內容應該是事先擬好的腳本。如果條件允許，可以擴大用戶樣本，從人口統計標準（年齡、性別、學歷、婚姻狀況、收入程度等）、心理認知標準（共同興趣點）、技術熟練程度（新手、專家）等進行用戶細分，並根據用戶細分的情況做更深入的研究。

1. 用戶研究的規則

人類學家里克·羅賓遜從人類學研究中總結了引導設計研究的三條主要規則：

（1）出門去找用戶

設計人員不應該只是坐在辦公室中閱讀他人的研究，也不應該讓被測者來找他們，讓他們置身於一個不熟悉的虛擬環境中。而是應當走出去，走到被測者使用產品的實際環境中，觀察交互發生的環境和實際過程。

（2）和用戶交談

設計人員不能僅僅閱讀被測試者的資料，或者通過其他人打聽被測者的情況。設計人員應當讓被測者以自己的方式來講述自己的故事，並觀察交談時被測者的表達方式。不光關注內容，也要關注方式。

（3）做好筆記

人的記憶能力有限，如果不能及時記錄，就會忘掉；記憶也是有缺陷的，不及時記錄，選擇性遺忘會使用戶只記得住自己希望記住的，而那些重要的內容可能隱藏在已經忘掉的信息中。因此，不僅要及時記錄，還要在溝通之後立即整理記錄。

2. 研究的內容

在用戶現場，設計人員可能會被大量的數據弄得頭昏眼花。通常設計人員（最好是兩名研究者同時）來到一個不熟悉的環境跟陌生人交流，可能會遇到大量的信息，可能會無從判斷信息的重要性。設計人員需要集中精力觀察真正重要的事情，即特定的活動、活動發生的環境、活動中發生的人與人之間的交互。

（1）觀察模式和現象

●模式

模式可能是行為模式、情境模式、反應模式等，是一種會反覆發生的行為或想法。如果只是偶然看到或聽到一次，那麼就是現象，記錄下來；如果看到或聽到兩次了，那麼就可能出現了模式，再次記錄；如果看到或聽到三次以上，那麼這就是一個模式，需要記錄並重點關注。

當出現許多模式時，可能已經完成了足夠的研究，可以得出一些有意義的結論。

●現象

現象也會吸引設計人員，一些罕見的行為可以給設計人員以指導，可以讓許多人在工作時從中受益。將這種現象總結為一種經驗，可以變化為模式。

如圖7.8，這是通過觀察現象發現的兩種手工剝筍的方式。A方式為大多數人採用，直接將一個帶殼的筍的外殼一層一層剝去，最後留下無殼的筍尖；B方式則為更高效的經驗人士採用——用刀按圖中箭頭方向在筍上劃一刀，深度以能夠劃破筍殼為度，先重後輕（越往上筍殼越薄，用力應該越小），劃開後直接用手掰開即可剝出無殼筍尖。在進行後續交互設計時，這些不同經驗值的現象，可以作為教育類游戲或游戲性交互中進階方式的交互設計依據。

無論現象或者模式，最好都要有兩名以上的研究人員共同進行，一人進行訪談、觀察、傾聽，另一人進行記錄，或者兩人交替進行，共同記錄，事後核對，這樣更不容易丟失一些重要的細節。

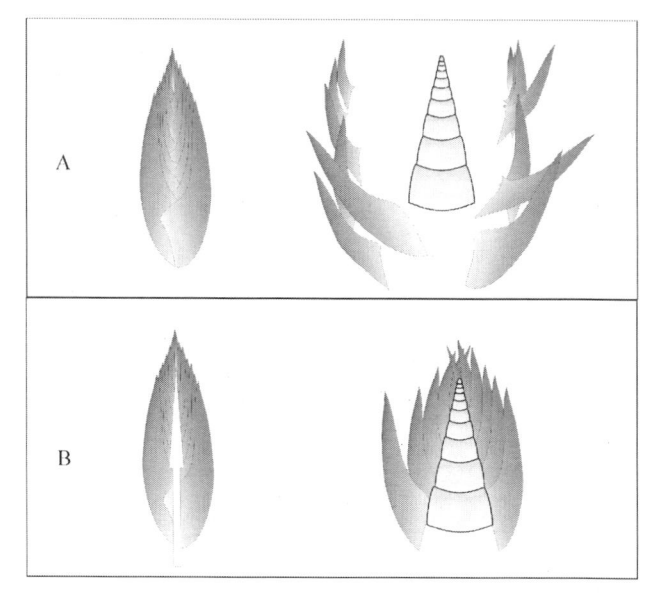

圖 7.8　手工剝筍的兩種方法

（2）現場記錄

　　寫下觀察數據和關鍵階段非常重要，最好使用活頁的紙質筆記記錄（使用空白 A4 複印紙是一個很好的選擇、帶橫紋的活頁紙也不錯）。因為紙質的筆記記錄相對於移動設備或筆記本電腦更不容易引起人注意，同時記錄更方便，將多張記錄（可能是圖畫或文字）攤開在大辦公桌上或用磁石粘在白板上更容易觀察，便於回到辦公室討論。

　　如圖 7.9，這是用於在辦公室討論的現場記錄圖的一部分，採用了速寫的方式來記錄；另外，還應該有文字的記錄相佐。

圖 7.9　用於討論的現場記錄圖局部

應該記錄的內容有研究人的姓名、日期、地點、精確或強調的語氣，方位草圖，某些物件的細節圖，操控的步驟或行為（文字或圖形）的記錄，背景信息等。

在適當的時間和地點，也可以拍下一些照片。當然最好的狀態是打印出來，附上現場記錄或註解。拍照時，要保證不僅能夠拍到被試者，還要拍到環境，以及所提及的任何物體，尤其是正要完成或示範的活動。

3. 研究的方法

設計研究的方法有很多種，大致可以分為三類：觀察、訪談和活動，包括讓被測試者製作一些東西並且自己來報告他們的活動。

（1）觀察

觀察是最簡易和最有成效的方法。設計人員可以偷偷地觀察，也可以與被觀察者一起，或者詢問他們如何做以及為什麼這麼做。

● 客觀觀察

客觀觀察是指設計人員處在一個不讓被觀察者察覺的地方，客觀地觀察那裡發生了什麼事情，例如修理廠中工人是如何操作某種工具的。

● 跟隨觀察

這種觀察方法必須得到被觀察者的允許，讓設計人員跟隨被觀察者做日常工作，並記錄他們的所說的話。

● 實境觀察

這種觀察方法是跟隨觀察的深入化，主要在實境中深入詢問被觀察者為什麼那麼做，並詳細記錄。

● 臥底觀察

這種觀察方式是設計人員以對自身進行某種隱蔽，並裝扮成顧客等方式來觀察。

進行觀察的前提條件是不要太引人注目，重要的是要與環境相匹配，以免被觀察者過於不適。觀察者應以中立客觀的態度進行觀察，要融入環境和背景之中，甚至借助於一些道具（如參與建築觀察時戴的安全帽、在辦公室穿戴的工作服及工號牌等）來完成。

（2）訪談

訪談有較高的技術含量，如果需要獲得真實、可靠的結果，需要設計人員與被訪者建立信任，並善於引導，以獲取良好的溝通。不過需要注意的是，被訪談人員可能說一套做一套，需要結合其他方法來排除不真實的內容。

● 引導被訪談者講故事

請被訪談者講述在某些特定的時刻做某個動作或與一種產品交互的故事，可以是他們第一次做某個動作或者使用某個產品，如「你第一次使用智能手機時的情形是怎樣的？」或者服務出故障時的反應，如「智能手機應用卡死或死機時會怎麼做？如果某款智能手機不能取下電池你如何讓死鎖的系統重啓的？」或者嘗試新事物時的反應，如「為什麼你用指甲來操作平板電腦？」

●非焦點小組

不再讓用戶集中於一個房間進行主題討論，而是召集一組領域專家、愛好者、藝術家等從不同角度來探究某個主題或服務，目的不是為了獲得典型用戶的看法，而是非典型觀點。

例如一組教師對於 U 盤的看法：「為什麼大多數 U 盤都沒有設計寫保護功能？這對於教學有什麼影響？會不會導致授課過程中被教室裡的演示電腦感染病毒？」再如一組戶外運動愛好者對智能手機的看法：「為什麼智能手機屏幕做得那麼大？帶著大量戶外裝備的戶外運動者只需要小於 4 寸、運行流暢、防雨、防塵、防摔、防凍的手機，為什麼沒有選擇？」

●角色扮演

找自願者，在不同的劇情中扮演不同角色，以得到關於某個主題、產品或服務的情感和態度。

(3) 手工製作

設計研究的一個重要趨勢就是不僅要求設計人員要觀察用戶、訪談用戶、記錄用戶，還要求其參加一些製造手工製品的活動，以激發設計人員的情感，並理解人們是如何思考某個主題的。做手工活動可以釋放創造性，用與之前不同的方式表現自我。

●拼貼

通過使用一些圖片或詞語，讓被試者製作一些與所研究產品或服務相關的拼圖。拼貼可以是積極的或消極的、類型多樣的，可以打印、剪裁、合成（如圖 7.10 和圖 7.11）。

圖 7.10　平板電腦發明之前的各種掌上電腦的圖片拼貼

圖 7.11　紙質拼貼的圖片

●建模

建模比拼貼更富有立體的感知性。通常使用橡皮泥、雙面膠、泡沫板、紙板、膠水、竹片、木塊等材料（如圖 7.12），再用各類建模工具組合成一個計劃中的產品模型。之後再通過模擬操作，評估這些模型的使用感受。

●畫出經歷

給被試者提供一些繪畫材料，讓他們畫出對某個產品或服務的體驗。

當被試者製作出這些東西以後，由他們自己來演示和講解。當然，設計人員也可以參與其中、與被測者共同工作，並不斷與被試者進行交流以期獲得一致的理解。

圖 7.12　製作模型的材料多種多樣

(三) 人物角色設定

人物角色是一種特定的概念，是指通過行為、動機和期望來細分用戶，並創造一個代表用戶群或用戶類型需求的虛構人物。人物角色記載了一些與產品或服務相關的要素，而創建人物角色會將設計師從大量的用戶數據中解救出來，讓用戶變得更加

173

真實。

通過觀察和交談，設計人員構思出人物角色。人物角色主要是共享相似的目標、動機和行為的多個人的混合體。

1. 人物角色設定的目標

人物角色設定具備相當的代表性，不能簡單地按照人口統計學特徵來劃分用戶代表。創建人物角色應該按照艾倫·庫伯（Alan Cooper）的觀點，通過列舉最關鍵的目標，並把它們放到人物角色的一部分描述中。如果通過人物角色的行為進行產品設計，以滿足人物角色終極目標，設計就更有可能成功。羅伯特·瑞曼（Robert Reimann）和肯·高德文（Kim Goodwin）將人物角色的目標細化為3種類型：

● 體驗目標：描述用戶在使用一個產品時所期望的感受，或者不期望出現的感受。

● 最終目標：描述用戶實際想要什麼或者需要完成一個什麼樣的產品來達到他們的期望。

● 生活目標：描述人物角色與產品相關的更廣泛的個人願望，可以幫助描述一個產品對於人物角色來說意味著什麼。

這種對目標和行為模式的關注，與基於劇情的方法相結合，把這種轉換設計成解決方案，可以使人物角色獨特而有效。

2. 人物角色設定的意義

人物角色設定作為強大的交互設計，能夠更有效地克服當前交互產品在開發中的問題，能夠提高設計人員對於用戶的行為、需求、期望和環境的理解。

● 指導產品設計

人物角色設定的目標和行為提供了設計的基礎，自然而然地形成、構造了產品及其界面的結構和行為；能夠幫助確定產品應該做什麼，具備什麼樣的功能。

● 便於交流設計解決方案

在故事板和劇情中使用人物角色設定為設計人員、開發人員、用戶之間交流溝通提供了共同語言，是講述產品設計故事的一個非常有效的方法，有助於強調設計決策始終以用戶體驗為中心。

● 建立起對設計工作的統一意見

通過人物角色設定，便於用一種通用的語言讓設計團隊可以根據優先級和功能來進行交流並盡量保證每個決策都是對用戶有利的或者重要的，可以幫助整個團隊共同工作，為目標用戶設計出最好的產品。

● 度量設計的有效性

當人物角色設定的行為、環境和期望還處於草創階段時，可以對照這些來檢查設計決策，甚至早於原型產品的開發。有了人物角色，可以在設計初期就有比較好的質量，並在後期細化過程中更加可控。

人物角色使用戶群形象化和具體化，建立起虛擬真人的概念模型比建立詳細的文檔或圖標模型更加容易理解，並更容易理解用戶行為的細微差別。

● 激發設計人員的移情體驗

雖然人物角色創建的是一個虛擬的人物，但其是從對實際用戶的研究中概括綜合

起來的，已經成為用戶的代表和化身。這樣有助於激發設計人員的移情體驗，使之能夠從人物角色的角度來感知、體驗產品。這些方法都為人物角色在以用戶為中心的交互設計中的應用提供了借鑑，而設計人員則可以通過基於人物角色的認知來進行架構和細節決策。

● 對於售前、售後工作的支持

從人物角色和故事板中可以獲得的信息更加有趣和生動，可以更加容易地用於產品的售前、售後等推廣、營銷工作，從網絡視覺營銷的角度加大了市場接觸面和接觸深度。

例如，微軟 Xbox 360 是微軟公司開發的家用視頻游戲主機，也是唯一一款具備定時功能的游戲機，家長們可輕鬆設定相應游戲時間，同時也能對孩子們所玩、所觀看的內容加以限制。

微軟公司設計 Xbox 360 時的主要目標是「創造一個生動的娛樂體驗」。基於這個創意，微軟推出了全新的 Xbox 360 游戲平臺，提供給用戶獨特的娛樂體驗，更多的是注重他們個性化的游戲喜好和游戲風格，而不是游戲本身。將用戶作為整個娛樂體驗的中心，一切的設計和服務都以他們為本。

當創建出 Xbox 360 的人物角色以後，相應的設計、開發工作和市場推廣工作也先後展開，每個個性化的人物角色得以充分地釋放自我，因而對市場的支持工作大有幫助（如圖 7.13）。

圖 7.13　微軟 Xbox360 中使用人物角色來進行市場推廣

3. 人物角色的創建

人物角色的創建需要通過人類學研究和分析所得的行為模式和目標，並充分理解人物角色本身。在網絡視覺營銷過程中，人物角色也需要分析：主要角色（主要的設計目標）、次要角色（周圍的人的言論）、影響主角的關鍵人物（比如對主要角色的經濟控製）等。人物角色應該看起來是可信、真實的人，這樣才能發揮他們作為設計和開發工具的最大效用。

(1) 人物角色的創建步驟

通常人物角色的創建需要 7 個步驟來完成，其中必定大量穿插著問卷、訪談、觀

察、統計等繁瑣的工作：

界定用戶行為變量→將訪談主體映射到行為變量→界定重要的行為模式→綜合特徵和相關目標→檢查完整性→展開敘述→指定任務角色類型。

（2）人物角色的應用實例

在得到對人物角色的抽象描述之後，可以給人物角色命名、配圖、虛構人物特徵，使之看起來更像一個真實的人（如圖7.14）。

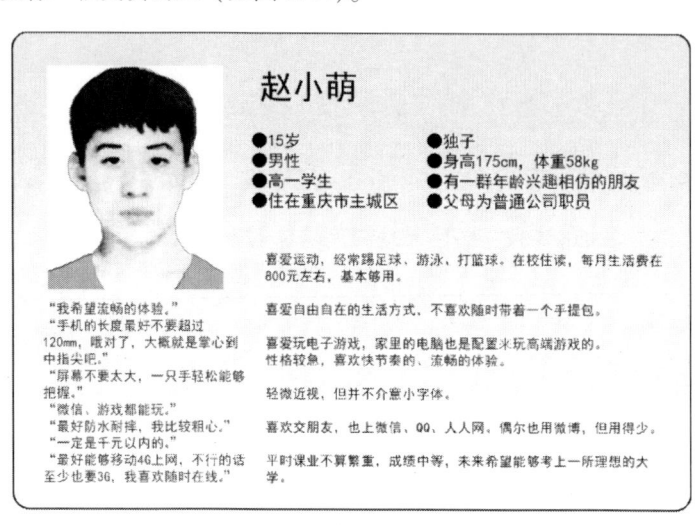

圖7.14　針對某款手機產品虛構的人物角色

二、項目架構

相對於信息架構而言，項目架構更多地考慮整體的活動安排。其中的思路和方法非常實際，能夠對幾乎所有的交互設計工作起到指導作用。

（一）結構化數據

1. 準備數據

在研究數據產生結論之前，需要進行分析。而分析之前需要準備相應的數據。

（1）實體化數據

搜集到的第一手或第二手資料通常是一堆零散、無序的數據，並以各種格式（如電子的、紙質的、實物的）散落於不同地方（電腦、相機、辦公桌、倉庫）。在此之前，需要將所有的數據匯集到一處，形成同類的格式，以便於數據記錄的關鍵部分可以迅速地查詢。

實體化數據的方法就是把照片、圖片打印出來，把重要的引用寫在隨意貼上，找出所有資料的索引以隨意貼的方式備註，並最終全部貼在一面較大的白板上。

對於容量巨大的照片或視頻，可以以縮略圖的方式整理並打印到紙片上，並以磁貼吸附到白板上。這種整理方式便於將全部的資料整理到一起，實現直觀的可視化，

並容易因此產生聯想和新的見解。如果沒有那麼巨大的白板,那麼就要準備一面白牆來完成類似工作,使每一個經過這面牆的人都能夠完整看到並容易提出某種關聯。

(2)歸納數據

歸納數據就是將實體化數據進行處理,並分門別類進行歸納。例如,將相似的資料歸為一類,去除冗余的內容,並設置相關的數據單元……目的是為了強迫思維去發現它們之間的聯繫,以便於構思故事或隱喻,這樣的關聯是為了產生思想的火花。

歸納的過程中也可能存在著排序,可以按字母(英文字母或者漢字聲母)或時間來排序。在擬定類別的基礎上,也可以歸納出層次,實現層次上的排列。

如表 7.2,這就是一個分了兩個層次的歸類示意。當然,時間段的範圍可以自擬,不一定是半年,也可以是一個月內或者一周之內;層次也不一定是兩層,可以是一層也可以是三層、五層;類別數也不一定是兩類,可以是多類。表中的「□」或「■」示意為貼在牆上的隨意貼。總之,這個表格可以畫在白板上,然後將整理好的隨意貼到空格中去。

表 7.2　　　　　　　　　　　分了兩個層次的歸類示意

時間段	XX		YY	
	XX 類 1	XX 類 2	YY 類 1	YY 類 2
2013.1-2013.6	□■□□■ ■□■□□	□■□□□ □□□□□	□□■□□ □□■□□	□■□■■ □■□■□
2013.7-2013.8	□□■□□ □■□□□	□□■□□ ■□■□□	■■□□□ □□■□□	□□■□□ □■□□□
2013.10-2013.12	□□■■□	□■□□□	□■□■□	□□■□□

2. 分析數據

分析數據是將結構化的數據進行實質的、內容層面的處理,主要從分析(數據分解)、總結、推斷、抽象入手。

通過分析數據,將數據進一步結構化,以便於解釋研究中的發現及其這些發現的重要成因。

(1)分析

分析是把整個活動或過程、對象、環境分解成各個組成部分,然後分別考查每個部分,發現它們的屬性和特徵。分析的過程可能會產生流程圖或過程圖的模型(如圖 7.15 和圖 7.16)。

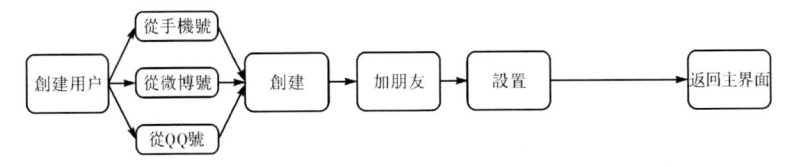

圖 7.15　某社交應用軟件基本流程圖的示例

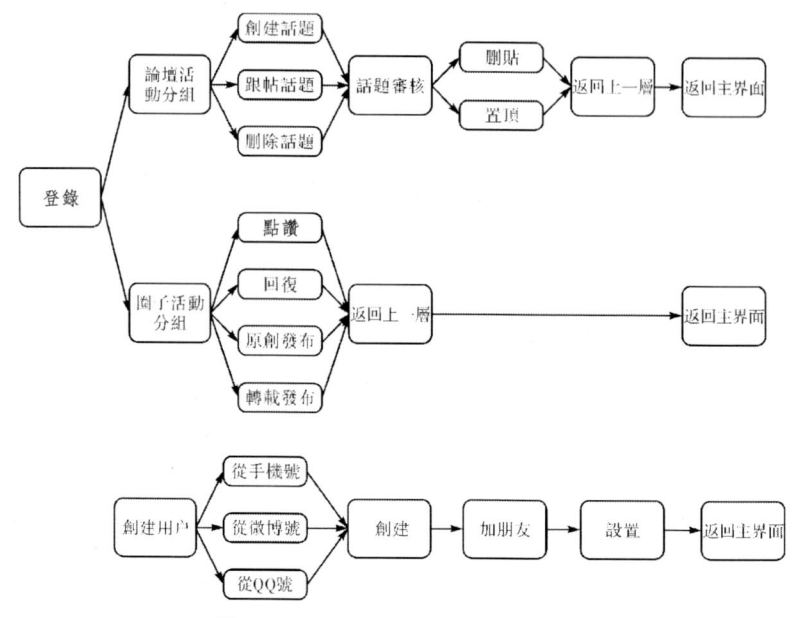

圖 7.16　某社交應用軟體過程圖的示例

　　過程圖引入了更詳細的時間分區，從操作的各個結點到交互界面，再到各操作結點的功能描述都有適當的說明。本質上，過程圖是一個高層的服務概覽，通過離散的服務步驟，清晰地分析邊界或各結點的相互影響。

　　在過程圖完成之後，需要進行深入的任務分析，以獲取支持最終設計所需的原始列表。任務分析以電子表格或文本記錄的方式呈現，加上各類圖形說明每個頁面上需要完成哪些任務（本質上是過程圖的細化），並加以分類。

　　任務分析對於設計過程的後期尤其有用，可以用來檢查設計方案是否支持了所需要的所有任務。通過任務分析，可以過濾掉無用、冗余的任務，並把易於丟失的、可能漏掉的任務加以重視。

（2）總結

　　將各數據片段放在一起，加起來給出結論，以創建更加簡明的數據片段。這些數據將會更具特徵化，將分析的任務內容、歸納的數據以某種結論的方式加以描述，以結語的形式表達該交互服務的可行性。

　　例如，可以是經過註解的環境照片；可以是調查分析之後被測者的看法，如「現在的 Windows 手機應用生態尚需加強」「不希望經歷閃退或死機、卡頓等不良體驗」「最重要的數據備份功能應該更加安全、智能，不需要用戶過多操作」「便攜性需要進一步加強」「這類應用的繁瑣讓人生厭」「用戶對移動支付的安全性生疑，因為取消密碼採用了其他驗證方式」……

（3）推斷

　　推斷是根據總結而來的更進一步，是根據現有數據提出的創新內容。推斷與分析是相對的：分析是把整體細分成各個部分；推斷試圖將不同的部分形成一個新的、不

同的整體。因此，推斷其實是重建新產品的過程；設計人員從用戶對產品的理解來推斷一個新產品。

推斷的結構化研究結果可能就是故事或描述，結合一些數據片段，形成一些幾乎誰都瞭解的東西。典型的做法是生活或工作的未來故事，新產品的出現如何影響和改變了用戶的生活。

（4）抽象

抽象是將一些數據移除，直至只保留最相關的數據點。那些數據點可以作為概念模型可視化出來。

抽象數據，不僅移除了細節數據的干擾，還可以為剩餘的數據創建可視化的表示，可視化的表示是個有力工具。

（二）概念模型

抽象的輸出通常就是概念模型，這是一種視覺工具，讓最相關的數據片段浮現出來，並且以一種新的方式來思考；它是數據可視化的方法。

概念模型不是列表或者語句；圖形設計應該從視覺上吸引人的注意，本身容易記憶，可以檢查、理解和內化。

概念模型可以生成界限清晰的對象，是對產品需要解決的問題進行高度概括和抽象的產物。概念模型不是對開發產品本身的描述，而是有意識地忽略事物的某些特徵，重點定義各種設計元素，考慮信息和功能如何表現，其中信息、功能、機制、動作、領域和對象模型是重要的構成部分。通過綜合考查用戶調研結果，在數據分析的基礎上，進一步考慮技術可行性和商業機會以創建概念模型。

1. 概念模型的表現內容

無論哪種概念模型，都應該足夠表現以下3項內容：

（1）問題

過程中的困難在哪裡？用戶討厭什麼？哪些方面會付出不必要的努力？什麼是低效或不愉快的？

（2）機會

改進的機會是什麼？有什麼地方有可以幫助用戶卻被漏掉？哪些區域可以改進而被忽略了？

（3）行動

為了改善問題和利用機會，需要做哪些事情？需要完成最大的任務是什麼？

許多功能強大的交互或應用的功能被用戶忽略了，或者他們根本就不知道有這種功能。因此，需要移除這些界限，讓人們樂於使用。概念模型是「用於思考的東西」——模型作為設計工具，具有詞語無法實現的反覆參考功能，設計人員容易從中找到問題並向客戶說明。

2. 研究數據的常用工具

為了研究數據通常會用到如下工具（如圖7.17）：

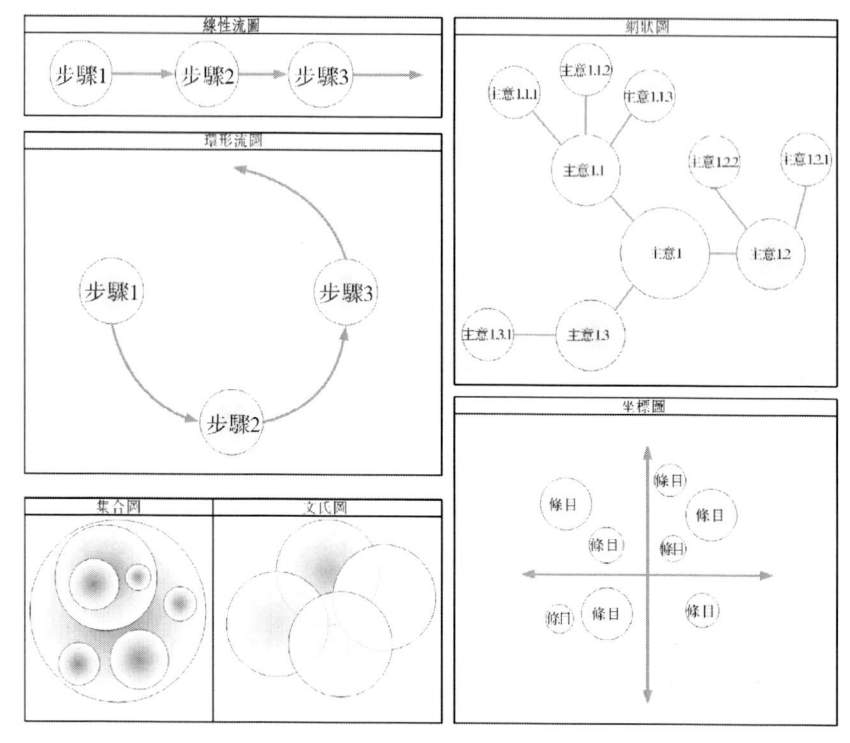

圖 7.17　研究數據常用工具

● 線性流圖：表示隨時間變化的過程，線性流圖可以很好地為設計人員展示過程中的問題在哪裡。

● 環形流圖：表示一個過程如何在一個循環中重複，除了會表示自身反覆的過程之外，環形流圖與線性流圖相似。

● 網狀圖：表示數據點之間的連接。一個數據片段可以放在圖表的中央，其他數據從中央向四周輻射。

● 集合圖與文氏圖：集合圖表示數據點之間的關係；而文氏圖用重疊的圓來表示連接關係。

● 坐標圖：以二維坐標的交叉方式表示各類數據的關係，數據被分為四個象限。

● 地圖：表示空間關係。

三、項目細化

　　細節是設計的微小組成部分，設計人員的工作價值通常體現在細節上，所謂「細節決定成敗」。相對而言，粗略的概念容易得到，但將概念細化到產品則比較困難，其中的概念執行將涉及功能與美學。好的細節為設計人員贏得尊重和認可，並給用戶帶來效率和輕鬆的體驗。

(一) 劇情

　　劇情提供了一種快速、有效的方法來想像使用中的設計概念。在某種意義上，劇情也是用語言創建的原型。

　　劇情本質上就是簡單的故事，它就是當產品和服務產生之後，人物角色將如何使用它們的故事。通過使用劇情，設計人員將人物角色置於文本環境之中，再將其帶到生活之中。優秀的劇情總是會貫穿使用各類人物角色，以發現最終產品還需要納入哪些特性。

　　劇情的編寫即劇本的創造，劇情內容應該明確地與既定產品或服務項目相關。在編寫過程中，可以充分參閱各類小說情節，設想可能發生的意外、令人沮喪或激動或興奮的情節、匹配的場景、文化與環境背景等。

(二) 草圖和模型

　　草圖是交互設計師的工具，設計人員可以像書寫文字一樣繪製草圖（如圖 7.18）。最佳的草圖繪製工具依然是傳統的紙筆，數字化的方式也很簡單（比如拍照、掃描，當然直接使用繪圖板繪製也可以）。到目前為止，尚未有任何數字化產品比得上傳統紙筆的便攜、流暢、質感、易得、實用。

　　除此之外就是建模，通過各種材料製作真實的物理空間模型，模型和草圖能夠快速組合在一起，體驗真實物體和環境的粗略仿真。

　　草圖和建模應該是貫穿整個設計過程的，無論是在概念階段還是最終產品成型階段都有助於明晰和傳達設計意圖。雖然現在 3D 打印技術逐漸開始流行，但手工建模的方便性仍然不可忽視。

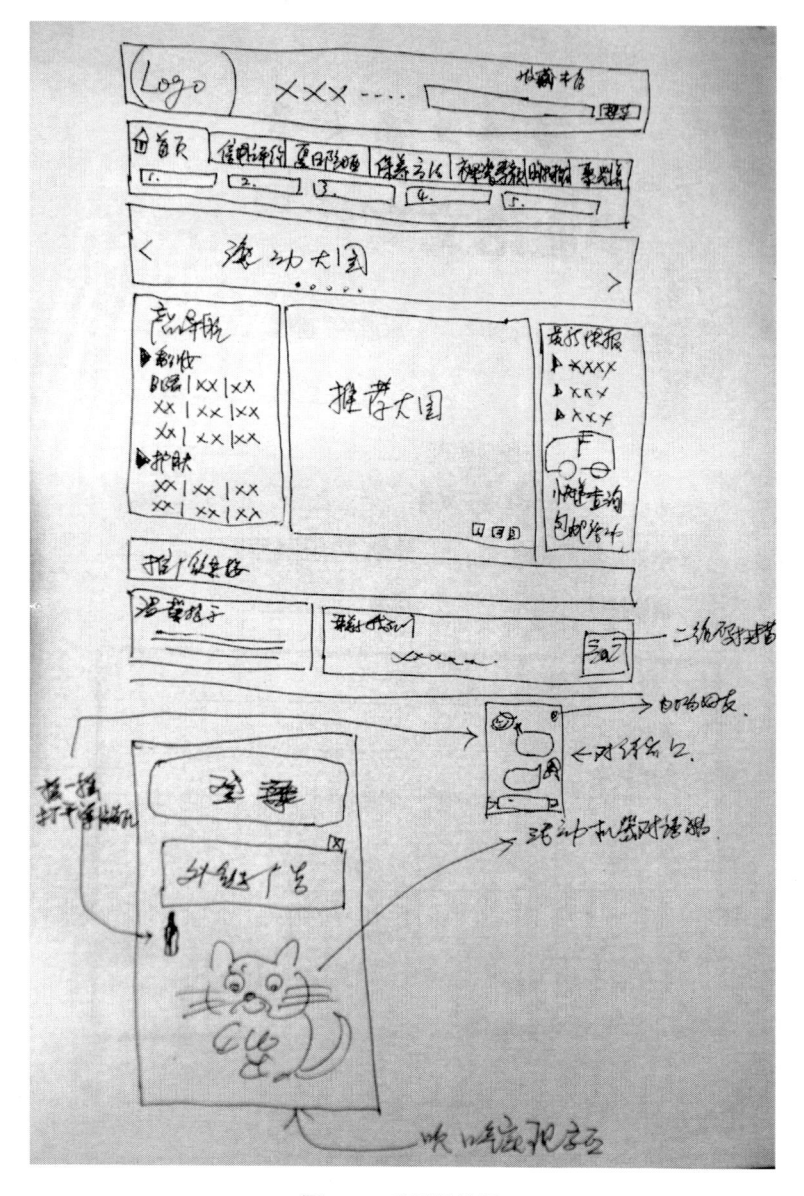

圖 7.18 草圖的繪製

(三) 故事板

　　一旦產品或服務的劇情和草圖被創建起來了，設計人員就可以創建故事板。以圖的方式使用產品或服務，可以以類似於四格漫畫或攝影中「靜態電影」的創作方式，將劇情和草圖串起來。

　　如圖 7.19，這是某交互產品的故事板應用。由於已經有了文本的劇情，又有了劇

情中涉及的草圖，所以可以將草圖和劇情串起來，創建故事板。這個例子的故事板是電腦繪製的，其實還可以以手繪、拍照等方式來創建。

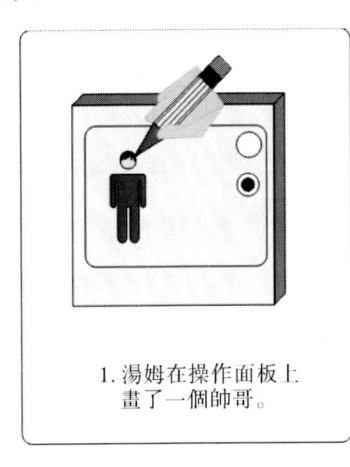

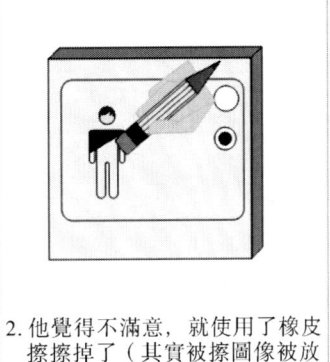

1. 湯姆在操作面板上畫了一個帥哥。

2. 他覺得不滿意，就使用了橡皮擦擦掉了（其實被擦圖像被放入了一個隱藏的圖層）。

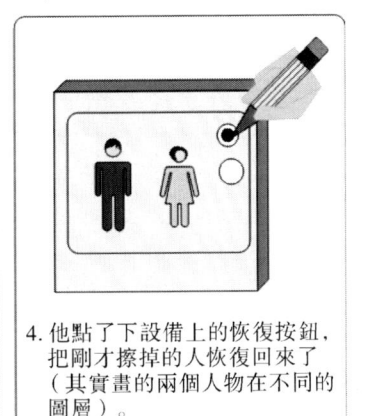

3. 他重新畫了個美女（重畫前清理了屏幕，其實是新建了圖層）。

4. 他點了下設備上的恢復按鈕，把剛才擦掉的人恢復回來了（其實畫的兩個人物在不同的圖層）。

圖 7.19　某交互產品的故事板示例

（四）情緒板

情緒板由設計人員創建的抽象的拼貼畫構成，試圖傳達最終設計的感覺。情緒板是設計人員探究產品情感世界的工具，通過使用圖片、詞語、顏色、版式和任何其他現有方法，展示給用戶或其他設計人員觀看。

圖片和用語可以是從雜誌或其他在線圖庫中尋找，或由設計人員自行創造的；有些設計人員則使用拍攝照片的方式創建情緒板。

情緒板可以使用大張海報或白板張貼，也可以使用幻燈片或軟件合成的方式來製作（如圖 7.20）。

圖 7.20　情緒板示例

無論採用什麼方式，情緒板應該反應出設計人員所追求的產品或服務的情感層面的思想。情緒板不應該考驗智力，而應該像詩歌或藝術品，從情感方面影響受眾。

（五）功能圖

功能圖相當於產品或應用本身的詳細視圖，內容包括控件或界面、交互工具、交互方式及詳細的描述。在圖形區域，對於每一個交互細節，應該有對應的編號；在文本區域，針對每一個編號進行詳細描述。

功能圖中除了上述內容之外，還應該有版本信息和備註。版本信息內容包括設計人員姓名、創建時間、最後修訂時間、版本號、最後修訂內容。

如圖 7.21，這是一個智能手機應用的功能描述圖示例，其中表達了控件、交互工具（手指和觸摸屏）、交互方式（劃動、長按、短按），以及文本區域中針對交互操作編號的詳細描述。

（六）服務藍圖

服務藍圖是指交互應用服務的時刻與序列表達。功能圖更多地強調產品的功能，是相對靜態的；與功能圖不同的是，服務藍圖則與時間建立起坐標關係，強調服務的交互，是相對動態的，即反應各服務片段如何進行交互的。

1. 服務片段

服務片段是由一組離散的可以被設計的時刻所組成，一般理解為各自分割的接觸點。例如，登錄、瀏覽、選擇、確認、發送、撰寫、編輯等。每一個時刻都可以進行設計，在每個時刻所用到的接觸點可以進行細化。大多數狀況下，每個服務片段最好有自己的草圖或設計描述，類似於故事板中的某一張。

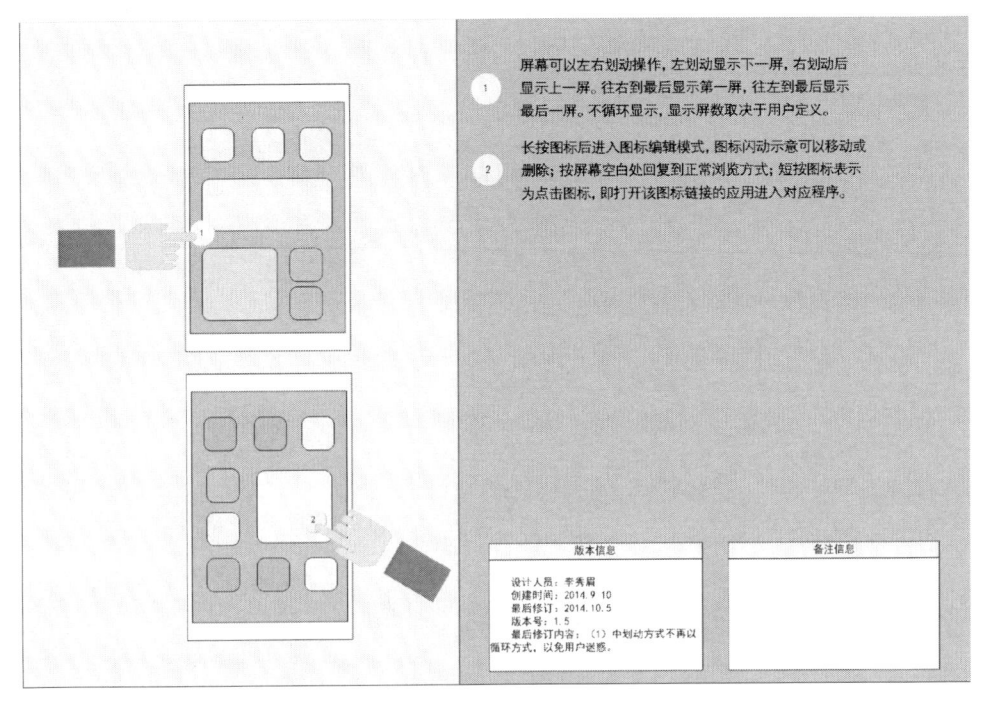

圖 7.21　功能圖示例

對於每個服務片段而言，服務藍圖應該顯示出什麼能影響服務元素：環境、對象、過程和參與的人。設計人員應該特別尋找那些能夠以低成本提供高價值的服務片段。

2. 服務序列

服務序列是以文本或視覺（故事板）的形式展示服務的重要意圖。設計人員通過把各種服務片段的概念組合到一起來創建服務序列，形成完整劇情或貫穿整個服務的事件序列。

服務序列與前面故事板不同的是，它更多地站在服務的視角來全面展示。服務序列以生動的方式詮釋了貫穿服務的整個路徑是怎樣的，並提供了一個全面、宏觀的視角來理解新的服務。

為了能夠更好地進行詳略得當的表達，可以將相對粗略的「任務流程」和相對詳細的「服務序列」組合起來看。觀察者可以看到顧客如何訂購、付款以及享受安全保障的全過程。相對於故事板來說，它更能主動地、全面地介紹當前應用是如何為用戶服務的。

如圖 7.22，表示了「任務流程」與「服務序列」，前者相對簡化，體現了服務的任務流程走向，並分別用不同圖標表示了用戶與系統的區別；後者則是前者中有交互界面的故事板表達（可以電腦製作、可以手繪、也可以照片拼接）。

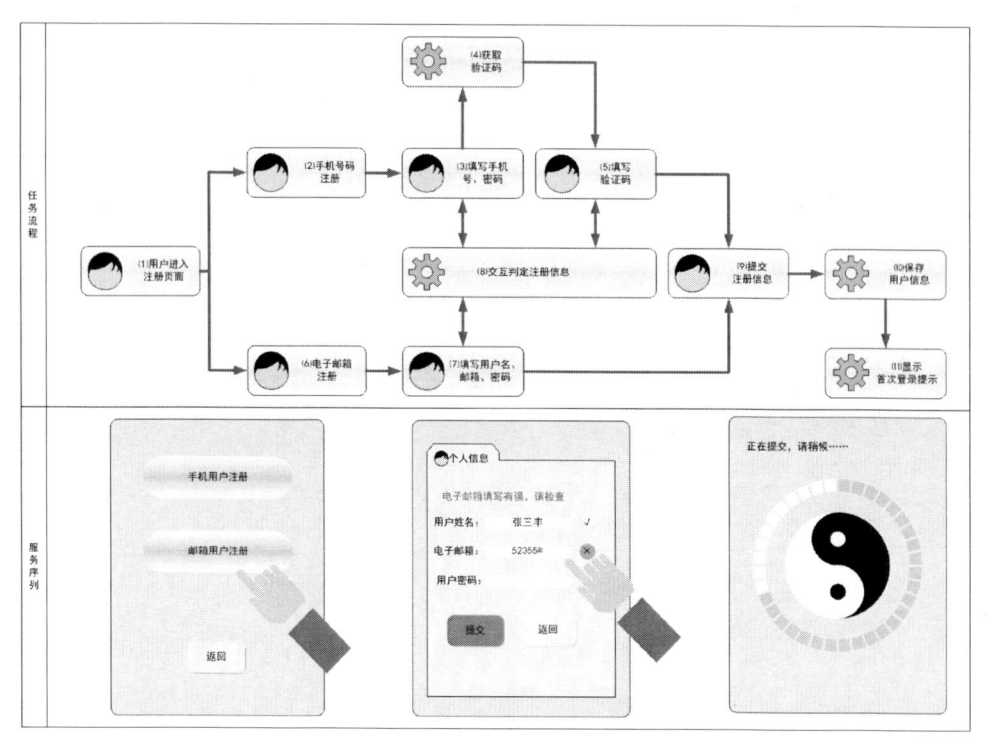

圖 7.22　任務流程與服務序列組成的服務藍圖示例

（七）全局說明與細化說明

1. 全局說明

全局說明是指可以被套用在大部分的頁面或操作中的一些通用規則，如果某個內容或功能與全局情況不同，就在細化中另外說明。以下舉例兩種全局說明的大致列表：

（1）設計規範
●佈局
●圖片
●文字
●色彩
●按鈕
●控件
……

（2）交互規則
●切換等待
●退出與返回
●強制打斷
●常用手勢
●加載方案

- 錯誤處理
- 反饋提示

……

2. 細化說明

接下來我們就要描述清楚交互設計產品的細節：
- 頁面佈局和顯示規則
- 頁面元素
- 交互和操作
- 錯誤和反饋
- 網絡異常
- 重複點擊
- 操作中斷

……

除了描述清楚正常情況下的所有內容，還要考慮到特殊場景。細化說明可以與功能圖、服務藍圖等結合起來，形成對應關係，或者在其基礎之上將功能圖與服務藍圖納入細化說明中，並詳細完善所有細節，直至不可再細分。這是一項細緻而繁瑣的工作，然而卻是不可省略的：當設計人員將設計交付給開發人員時，可能會同時面對新的項目壓力和因細化不夠不斷詢問的開發人員，因此越清楚越好。

四、原型製作

原型製作是進行概念設計的常用方法，也是設計人員構想的終極體現。原型製作就是把互動產品的主要功能和所有設計模塊通過快速開發製作為模型，並以可視化的形式展現。在概念模型中，設計理念還以抽象的方式表示，存在著難以理解的情形，而製作好的原型則能夠使設計人員和用戶直觀地看到最終產品的表現形式。原型就是把所有設計模塊聚合到一個整體的單元中，許多難以理解的設計，在看到原型之後，就很容易理解了。

開發原型可以確定需求，幫助設計人員及早發現設計缺陷，解決可能存在的潛在問題。原型根據完善程度，有低保真原型、高保真原型、服務原型三大類。

（一）低保真原型：表達佈局和重點

低保真原型是基於界面系統的靜態模型，主要表達佈局和重點，通常是靜態的，沒有動態交互效果。其示意明確，能夠表達交互設計的主要內容；用戶必須通過假想來得出產品的交互行為。

低保真原型是被快速組合到一起的，通常顯得非常粗糙。製作可以是紙面的，也可以是物理的。

1. 紙面原型

紙面原型是畫在紙張上的設計輸出稿，它也是演示工作產品最快的方法，具有快速創建、易於修改、關注流程、成本低廉的特點。設計人員可以按服務序列設計一系

列的紙面模型，每張紙包含一個服務片段或時刻，用戶以一個特定的順序翻閱頁面就能夠逐步熟悉原型。頁面應該編碼並標明某些交互後應該怎樣中轉（如操作某個功能後應該跳轉到的另外頁面）。

如圖7.23，這是紙面原型中的某一頁，雖然很粗糙，但反應出了當前界面中的元素，便於迅速用用戶交互。

圖7.23　紙面模型的示例

2. 物理原型

物理原型主要用於展示一些簡單的部件，可以通過具體的物理實體，當用戶產生觸摸與操作的慾望，低保真物理原型可以展示操作的適應感。如果是某些交互設備而不僅僅是應用軟件，那麼這個階段仍然是要足夠重視的。

如圖7.24，這是某移動設備的物理模型。如果存在著新設備的物理交互，那麼就有必要製作出物理模型。

圖7.24　某移動設備的物理模型

(二) 高保真原型：表達動態和細節

當概念模型、功能圖、服務藍圖和低保真模型完成之後，就需要盡快完成高保真原型。

高保真原型將表達動態與細節：如在交互環境中，如何進行邏輯驗證、數據保存等，在視覺感受上，與真實產品或應用接近。高保真原型的高度細節表示是指，它可以提供一些基本的體驗操作，比如除了靜態的視覺效果已經很接近於真實產品之外，還可以進行一些簡單的點擊、選擇等交互操作。

高保真原型的美學要求較高，因為它要告知客戶，最終產品或應用基本上就是這樣的。用戶可以在高保真原型上體驗最基本交互操作的實際情況，但同時也必須告知用戶這僅僅是原型而已。

高保真原型與最終產品或應用越接近，用戶反饋就越準確。經過用戶的測試與評估之後，才能進入產品或應用的開發階段。

為了更好地製作高保真原型，可以使用一款名為 Axure RP PRO 的軟件來進行設計（相關使用教程詳見 Axure 中文網：www.axure.us.）。Axure RP PRO 是美國 Axure Software Solution 公司旗艦產品，是一個專業的快速原型設計工具，讓負責定義需求和規格、設計功能和界面的專家能夠快速創建應用軟件或 Web 網站的線框圖、流程圖、原型和規格說明文檔。作為專業的原型設計工具，它能快速、高效地創建原型，同時支持多人協作設計和版本控制管理。

Axure RP PRO 已被眾多公司採用，其使用者主要包括商業分析師、信息架構師、可用性專家、產品經理、IT 諮詢師、用戶體驗設計師、交互設計師、界面設計師等，另外，架構師、程序開發工程師也在使用 Axure RP PRO。

使用 Axure RP PRO 能夠快速模擬互聯網交互（如圖 7.25），並能生成相應的 HTML 和 Word 文檔格式，以便於後續開發工作的展開。

圖 7.25　使用 Axure RP Pro 開發高保真模型

(三) 服務原型：演示服務的運用

服務原型是在高保真原型的基礎上，加上角色扮演而構成的用戶使用產品或應用的服務全過程。因此服務原型的製作包括創建劇情（基於前文提到的「服務藍圖」）、招募演員（也可是設計人員、測試人員來扮演）、以話劇方式演出來。

服務原型的話劇表演過程，需要進行錄像和拍照記錄，充分展示該產品或應用的

各種應用場景和應用特色。如果條件允許，也可以到真實的場景中創建服務原型。

五、測試與開發

（一）測試評估

得到原型之後，還需要對原型進行測試評估，這個時候的測試通常是用戶針對該產品或應用的測試。通過接收到的反饋意見，反覆進行原型的修改，直至達到用戶滿意的程度。

測試評估是一個以用戶為中心的迭代過程，測試的環境最好就是用戶自己熟悉的操作環境（如工作環境或家庭環境等）。當然，如果交互設計的原型必需實驗環境，那麼也只好到實驗室進行測試與評估。

在測試過程中，除了與用戶溝通得到用戶的語言表達意見之外，設計人員還要仔細觀察用戶使用過程中的一些問題：
- 過多的點擊。
- 對某個操作的猶豫不決。
- 容易出現歧義的交互。
- 用戶的迷失（導航失效或者用戶不知道下一步該怎麼做）。
- 用戶沒有看見操作按鈕。
- 死循環或閃退。

（二）產品開發

在項目架構、項目細化、原型製作完成之後，交互設計就進入到最終產品或應用的開發階段。一旦開始進入開發階段，設計人員將積極調整設計、排除故障、優化最終視覺效果，全面完善用戶體驗要素的視覺表現和細節設計，使產品能夠準確反應產品或應用的價值和理念。

產品開發階段更多考慮的關鍵問題是技術的實現，因此選擇的技術方案、當前技術人員的開發實力將成為工作的重點。

☆本章思考

1. 交互設計對於網絡視覺營銷的主要意義何在？
2. 為什麼要建立以用戶為中心的交互設計，天才設計不可以嗎？
3. 交互設計的歷史長嗎，交互設計時應該關注什麼？
4. 設計策略中確定研究範圍有何意義？
5. 如何創建項目計劃？
6. 產品路線圖和任務看板各有什麼作用，怎麼用？
7. 如何進行用戶研究？請創建一個用戶研究的完整實例。
8. 人物角色設定的意義和方法是什麼？請參照某個產品用例，創建一個人物角色。

9. 結構化數據起什麼作用？
10. 如何抽象概念模型？請用研究數據的常用工具創建一個概念模型。
11. 請創建一個完整的項目細化案例。
12. 故事板和服務序列有什麼不同？
13. 為什麼要設計劇情？
14. 全局說明與細化說明的意義何在？
15. 如何進行原型製作？請製作一個低保真模型。
16. 為什麼要進行測試評估？

第四編　數據化營銷

　　在網絡視覺營銷「視覺傳達→用戶體驗→交互設計→數據分析」的流程後端，銷量和流量被看成是目標的落腳點。無論是專注於網絡產品銷售的網店，還是專注於「眼球吸引」的網站，都要以「流量+轉化率」來實現網絡視覺營銷。因此，在網絡經濟的時代，數據化營銷中的流量引導和轉化率提升成為工作重心。

第八章　網店流量引導方法

網店是互聯網應用中，流量和轉化率應用最直接的地方。這裡以淘寶網店為例，分析一下網店引流的方法。

第一節　流量構成原理

網店在設計、裝修完成之後，許多商家非常急切地想知道客戶訪問的情況，包括點擊率、訪問頁面等情況。而這些情況的信息，就是由網店的流量來構成的。網店的流量是消費者通過某個入口進入店鋪訪問的途徑，進入店鋪的每一個流量就代表著一個訪問者。因此，研究流量不是單從數據上觀察，還要觀察流量背後的消費者所代表的某種相似的消費特徵。

一、流量的構成及數據分析

（一）流量構成來源

由於淘寶政策的不斷改變，目前流量分類也有些變化。淘寶店鋪的流量構成來源較多，粗略地分類可以分為內部流量和外部流量兩大類，其中內部流量又可以分為自然流量和商業流量兩大類（如圖8.1）。

1. 自然流量

自然流量是指依靠買家搜索或者買家通過網頁上的導航引導進入店鋪的流量。這類流量需要商品符合淘寶的搜索規則，在搜索模型中獲得較高分數。它引進的流量特點是質量較高，因為都是買家主動尋找，經過商品比較進入的，所以促成成交的概率也較大。這類流量是每個店鋪都希望大量獲取的，當然其獲取也有一定的難度，需要一定的累積。

自然流量主要分為站內搜索和淘寶社區，站內主要來源於天貓、聚划算、淘寶旅遊、特色中國、淘寶首頁幾大版塊；淘寶社區主要來自於門戶資訊、SNS 平臺、購物交流。其中天貓除了自己的相關搜索外還新開設有天貓超市、天貓電器城；淘寶首頁除了基本的分類導航外，還有特色服務（如主題市場、特色購物、優惠促銷）、便民服務（如充話費、繳水電費等）、發現好貨、發現好店、愛逛街、熱賣單品。

2. 商業流量

商業流量有付費與免費之分，但為了歸納理解的方便，統一按商業流量劃分。它們是指商家通過購買不同付費形式的廣告產品，為店鋪引進的流量。

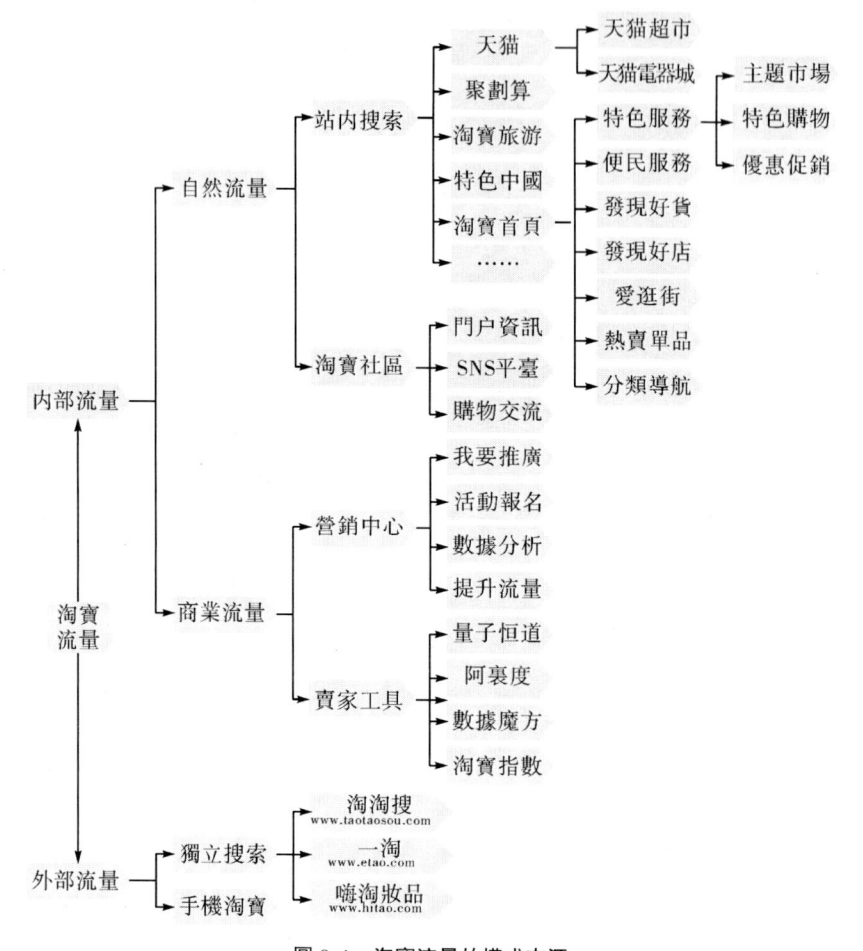

```
內部流量 ─┬─ 自然流量 ─┬─ 站內搜索 ─┬─ 天貓 ─┬─ 天貓超市
          │            │           │       └─ 天貓電器城 ─┬─ 主題市場
          │            │           ├─ 聚劃算                ├─ 特色購物
          │            │           ├─ 淘寶旅游 ── 特色服務    └─ 優惠促銷
          │            │           ├─ 特色中國 ── 便民服務
          │            │           ├─ 淘寶首頁 ── 發現好貨
          │            │           └─ ……      ── 發現好店
          │            │                        ── 愛逛街
          │            │                        ── 熱賣單品
          │            └─ 淘寶社區 ─┬─ 門戶資訊   ── 分類導航
          │                        ├─ SNS平臺
淘寶流量 ─┤                        └─ 購物交流
          ├─ 商業流量 ─┬─ 營銷中心 ─┬─ 我要推廣
          │            │           ├─ 活動報名
          │            │           ├─ 數據分析
          │            │           └─ 提升流量
          │            └─ 賣家工具 ─┬─ 量子恒道
          │                        ├─ 阿裏度
          │                        ├─ 數據魔方
          │                        └─ 淘寶指數
          └─ 外部流量 ─┬─ 獨立搜索 ─┬─ 淘淘搜 www.taotaosou.com
                       │           ├─ 一淘 www.etao.com
                       │           └─ 嗨淘妝品 www.hitao.com
                       └─ 手機淘寶
```

圖8.1　淘寶流量的構成來源

　　淘寶上主要的付費推廣方式有淘寶直通車、鑽石展位、淘寶聯盟自助推廣、淘寶客推廣、淘代碼、聚劃算等。其中，付費流量引入的多少視商家的營運預算等綜合情況而定。

　　淘寶上的免費活動流量是指淘寶官方組織的各種免費促銷活動及主題活動引進的流量。這類流量與自然流量一樣，是不需要費用的，但是通常參加這類活動都需要提供一定的商品打折，有時候甚至是直接提供一定數量的免費贈送商品，所以對於商家來說還是有成本的。如淘金幣、聯合營銷、免費試用、當季打折促銷、會員俱樂部、集分寶等。

　　免費活動流量的特點是通過少量的商品投入能引來巨大的流量，因為官方活動通常在網頁上有較好的展示位。所以也是商家關注度非常高的引流方式，如淘金幣。淘寶官方活動通常對商品品質、頁面展示和店鋪綜合能力有較高要求。新商家可以對其關注，在能力可控的情況下積極報名參加。

目前淘寶頁面中，商業流量主要分為營銷中心和賣家工具，其中營銷中心的我要推廣、活動報名、數據分析、提升流量和賣家工具的量子恒道、阿里度、數據魔方和淘寶指數等分別用於商業性的推廣和數據分析。

3. 其他流量

其他流量還有會員管理流量，這是通過商家對店鋪會員做分層及二次營銷，促使老客戶再次訪問店鋪而產生的流量。

另外還有外部流量和手機淘寶流量。外部流量包括通過站外引進的流量、通過買家的寶貝管理後臺引進的流量等，以獨立搜索（淘淘搜、一淘、嗨淘妝品）為主。

(二) 流量數據分析

如果想獲知流量信息的轉化率（即頁面圖文投入使用後到底效果如何），需要結合數據統計，對網店各方面進行分析，再通過一些微調的方法，使店鋪和商品的轉化率得以提高。

淘寶網上最早出現的數據統計工具是計數器，這是一個掛在網店中單純統計流量的工具；隨著用戶需求的提升，慢慢在一些高級計數器中加入了一些近期流量的趨勢圖、商品獨立頁面訪問量、地區訪問量、時段流量分佈圖等新功能。再經過更多的演變與進化，產生出更多分析產品、店鋪流量數據的工具。

數據統計工具較多，如量子恒道、小艾分析、數據魔方、好店鋪統計等，一般量子恒道用得較多。

二、量子恒道

量子恒道（http://lz.taobao.com）是淘寶和天貓店鋪後臺享受的免費數據統計分析工具。

如圖 8.2，在 PC→流量分析→流量概況中，淘寶店鋪有瀏覽量與訪客數的數據統計圖。其中，瀏覽量與訪客數的比值越大，說明客戶在店鋪中查看的頁面數越多。

另外，還可以在概況頁中查看今日、昨日、上周同期、前 7 天日均的數據進行對比。通過最近 7 天被訪問寶貝 TOP10，可以瞭解產品的受歡迎程度；最近 7 天訪客來源 TOP10 和最近 7 天訪客地區 TOP10 可以反應訪客的地區和來源。這些信息，對於提升轉化率都有重要的意義。

(一) 流量的性質

1. 淘寶流量的細分

淘寶的流量性質大致可以分為自然流量、商業流量（付費流量、免費流量）、其他流量等幾大版塊。細分下來的來源有：

●自主訪問：包括直接訪問、我的淘寶、賣家中心、購物車、店鋪收藏、寶貝收藏幾類。

●淘寶付費流量：包括直通車、淘寶客兩類。

●淘寶免費流量：包括試用中心、淘寶搜索、淘寶站內其他、商城搜索、淘寶店鋪搜索、淘寶類目、阿里旺旺非廣告、淘寶管理後臺、淘寶其他店鋪、淘寶信用評價、

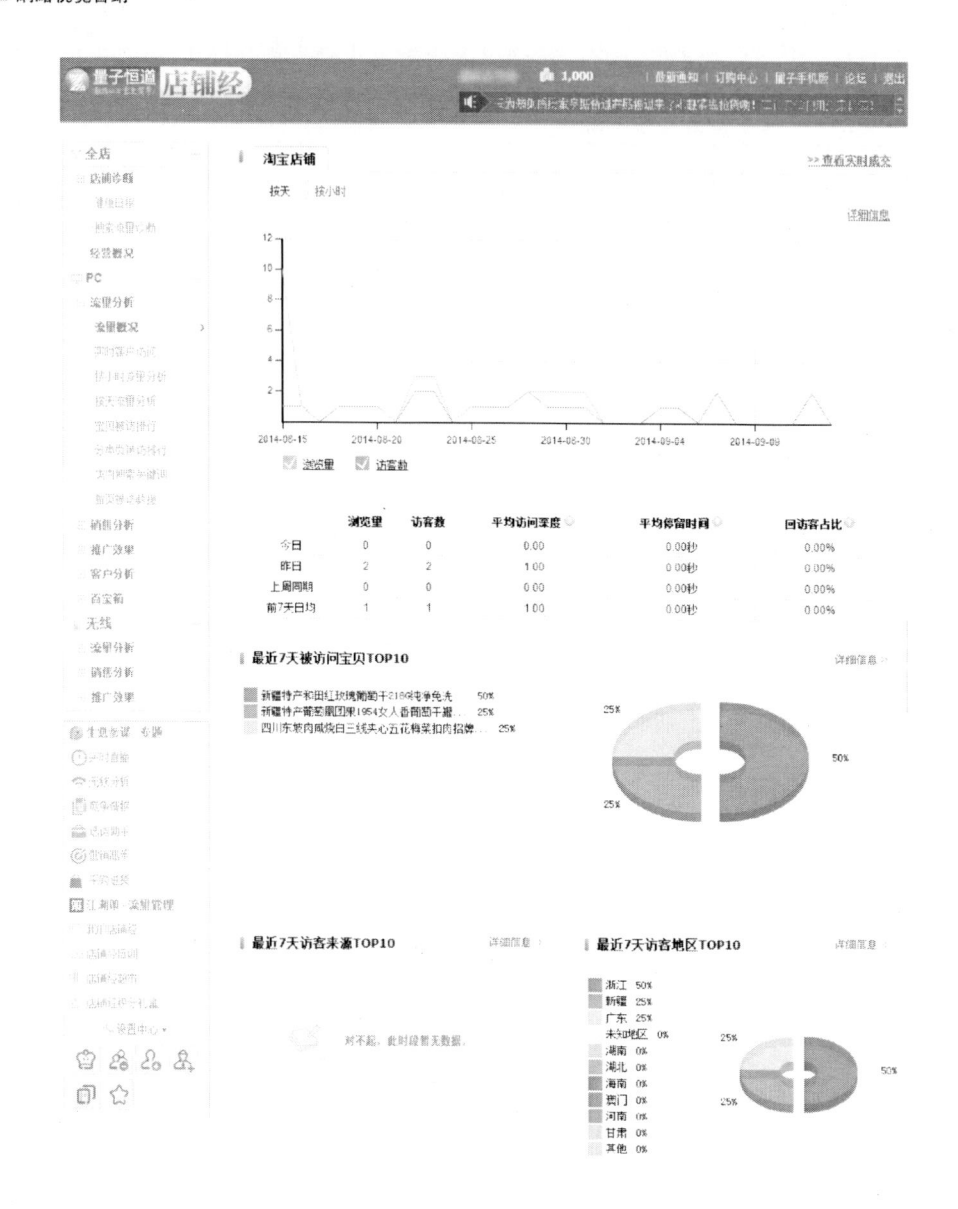

圖 8.2　量子恆道流量概況

淘寶收藏、店鋪街、哇哦、淘寶首頁幾類。

●淘寶站外其他：包括了其他的站外流量情況。

●一淘等。

2. 淘寶流量的性質

（1）自主訪問

每一個流量版塊裡又包含了不同的細分流量入口，這些流量入口中，自主訪問說明消費者本身的帳戶頁面存在店鋪的一些信息，所以可以通過店鋪收藏、購物車、寶

貝收藏等形式直接訪問到店鋪，他們或許曾經瀏覽過店鋪或者已經購買過該店鋪商品，屬於對店鋪最具價值的潛力消費群體。

（2）淘寶付費流量

賣家通過購買廣告的形式增加展現商品的概率，這樣需要對商品的投入產出進行評估，只有產生可觀收益的投入才是值得的。

（3）淘寶免費流量

淘寶免費流量是非常重要的「金礦」，需要賣家投入足夠的關注與精力。雖然有些免費流量仍然需要賣家做出利益的讓步，但總體來看幾乎不需要投入太大成本，因此有較高的商業價值。

（二）流量的特徵及對策

由於流量入口的不同，商品通常會以主動和被動兩種方式被消費者所發現。其中主動訪問是因為消費者心目中既有的商品需求，並按此需求主動搜索相關產品而獲得；被動訪問則指消費者並不明確自己的消費需求，偶然看到網頁上展示的商品動了心，繼而產生後續溝通與消費。

1. 主動訪問

主動訪問通常以「商品」或「店鋪」的搜索為主，說明消費者對相關的商品或店鋪的認可。這兩種主動訪問可能尋找到相同的商品，但消費的目的傾向不一樣。因此，需要展開流量特徵進行細化分析對比。

如果用戶以「商品」為搜索目標，那麼他們更側重於具體的商品，在製作視覺傳達的圖片時需要更加針對商品的特色或優點，以盡可能在商品層面實現視覺說服。如果用戶以「店鋪」為搜索目標，那麼在店鋪的裝修風格、品牌商品的認同感方面需要加入更多店鋪自身的視覺特徵，以實現更加有粘度的用戶回訪。

2. 被動訪問

被動訪問的消費者並不清楚自己的明確需求，因此並不知道具體要找什麼產品、也不知道哪家店鋪值得自己光顧。為了能夠讓消費者盡快瞭解產品，通過聚劃算等折扣方式，讓消費者迅速瞭解產品，從而培養顧客忠誠。

被動訪問具備足夠吸引人的特徵，因此需要通過足夠的賣點來讓消費者產生購物慾望。在交互設計方面，要充分考慮到折扣、特色等，讓消費者逐漸產生興趣，並最終實現銷售。

被動訪問需要對流量的入口進行分析，通過促銷活動的入口，引導消費者對具體的某個商品產生興趣；以圖片的質感和文本的氛圍，傳達給消費者品質優良、性價比高的心理暗示，從而實現視覺說服。

（三）數據分析

1. 瀏覽量（PV）/訪客數（UV）的比值（M）分析

瀏覽量（PV）/訪客數（UV）的比值（M），可以通過計算得知。將鼠標移到流量概況圖上，將顯示當前（當天或當時）的比值，也可以直接查看下面的數據列表獲得結果。通過計算結果，可以進行分析。

瀏覽量（PV，Page View），即頁面瀏覽量或點擊量，用戶每次刷新即被計算一次。

訪客數（UV，Unique Visito）即獨立訪客，即訪問某網頁的一臺獨立的電腦客戶端為一個訪客，00：00-24：00 內相同的客戶端只會被計算一次。

所以從比值 M＝PV/UV 的數據中，可以看出，M 值越大，證明平均每一訪客對於頁面的點擊量較大，興趣較高。通常認為 M 值在 4~5 之間比較合適。

（1）M<4

如果 M＝PV/UV 的值低於 4，將明顯影響銷量，說明店鋪營銷方面存在較大的問題，可以進行如下操作改進：

● 使用淘寶首頁、直通車、淘寶客等引流新客戶。

● 根據商品品類，重新設計店鋪店面、布置商品陳列，使用戶體驗增強。

● 維護客戶關係，積極迎接新客戶、維繫老客戶，以增加用戶忠誠度。

（2）M>5

如果 M＝PV/UV 的值大於 5，但銷量不理想，證明頁面跳轉無誤，產品需要更新調配、加強上新力度。同時也說明了用戶對於該產品的興趣很高，但遲遲沒有下單，也許在心理上還有很多糾結，可以結合產品的售價、特點等多做相應的宣傳或圖文的改進。

對店鋪的流量診斷要注意兩個要點，第一個要點是店鋪流量的多元化，即流量的豐富度，要做到店鋪的流量的不單一，流量的多元化說明展現和曝光的機會多，客戶群的層次豐富，這樣有助於店鋪的良性發展，如果流量過於單一，店鋪整體流量的波動風險可能會加大，從而使店鋪產生不確定性。第二個要點是店鋪流量的質量，即各個流量的占比，不同流量來源的占比體現了店鋪的流量各個影響因素的權重大小；同時不同的來源，客戶的質量差異很大，對於店鋪的轉化率會有較大的影響，因此結合店鋪的實際情況，合理優化不同來源的占比。

自主訪問、淘寶免費流量：一般來說店鋪的自然搜索較好，老客戶的粘性高，此選項占比會比較高，同時要關注淘寶活動的流量來源，總結出店鋪參加各個類型活動的流量概況，為以後的活動報名做決策支持。

2. 商品訪問數據

商品訪問數據即流量分析中的「寶貝訪問排行」和「寶貝被訪排行」，這兩個統計是為了方便賣家對店鋪中商品的訪問數據的統計分析。

● 寶貝訪問排行

寶貝訪問排行依據店內所有商品的訪問關注度進行排序，並提供瀏覽量、瀏覽量日均值、訪客數日均值、平均訪問時間、跳失率等數據。

● 寶貝被訪排行

寶貝被訪排行提供一個時間段內，商品被訪問的詳情和趨勢圖、訪客來源及地區分佈。

（1）關注度

關注度是該商品被查看的總時長占所有商品被查看總時長的百分比，通過這個百分比的排名，可以看出某些商品相對於全部商品的受關注程度。如果能夠根據當時的

情形，對於關注度較高的商品做一些促銷設計或關聯營銷，將使店鋪的產品銷量、客戶的瀏覽深度和店鋪商品的轉化率得以提高。

（2）跳失率

跳失率是指消費者只訪問了商品頁面就離開訪問的次數占到總訪問次數的百分比。跳失率較高的商品如果關注度較高，那麼可能該商品的描述出現了問題，可以做一些優化調整：如提高照片質量、增加關鍵性文字介紹、調整展示數量、加強關聯與頁面跳轉等。

（3）直接訪問

消費者收藏了店鋪，能夠直接在地址欄中輸入店鋪地址進入。這種方式來源所占百分比的高低說明店鋪人氣情況，需要想辦法提升店鋪知名度、吸引更多客戶的收藏。

3. 關注轉化率

要實現網店有效的營銷，就要實現網店的有效轉化。轉化率就是一個可以衡量網店的各個環節轉化實現的有效標準，而網絡視覺營銷的轉化率則通常是通過頁面被點擊、被註冊，以至於實現網絡銷售的比率來衡量。

（1）相關概念

●轉化（Convert）

轉化指潛在客戶完成一次推廣商戶期望的行動。

轉化可以指潛在客戶在網站上停留了一定的時間；瀏覽了網站上的特定頁面，如註冊頁面、「聯繫我們」頁面等等；在網站上註冊或提交訂單；通過網站留言或網站在線即時通信工具進行諮詢；通過電話進行諮詢；上門訪問、諮詢、洽談；實際付款、成交（特別是對於電子商務類網站而言）。具體來說，是否實現了轉化，取決於轉化的目標。

●轉化目標（Goal）

轉化目標也叫做轉化目標頁面或目標頁面，指商戶希望訪客在網站上完成的任務，如註冊、下訂單、付款等所需訪問的頁面。

●轉化率（Conversion Rate）

轉化率指在一個統計週期內，完成轉化行為的次數占推廣信息總點擊次數的比率。計算公式：轉化率＝（轉化次數/點擊量）×100%。例如1000名用戶看到某個搜索推廣的結果，其中600名用戶點擊了某一推廣結果並被跳轉到目標URL上，之後，其中300名用戶有了後續轉化的行為。那麼，這條推廣結果的轉化率就是（300/600）×100%＝50%。

轉化率是衡量有效點擊後續行為的重要指標，用戶通過在不同的地方測試新聞訂閱、下載連結或註冊會員，可以使用不同的連結的名稱、訂閱的方式、廣告的放置、付費搜索連結、付費廣告（PPC）等等，如果這個值上升，說明相關性增強了，反之，則減弱。轉化率是網站最終能否盈利的核心，提升網站轉化率是提升網站綜合營運實力的結果。

對於淘寶店鋪而言，店鋪轉化率就是購買商品的消費者與店鋪訪客的比率；產品轉化率，即購買產品的消費者與進入店鋪點擊產品的人數的比率。

如表 8.1，該店店鋪轉化率為 121/25,323×100% = 0.48%；產品轉化率為 121/7,312×100% = 1.65%。

表 8.1　　　　　　　　　　　某淘寶店鋪的銷售數據

日期	IPV	IPV_UV	購買 UV	店鋪 UV	店鋪 PV
2014-9-18	12,433	7,312	121	25,323	57,982

根據這些轉化率可以分析店鋪經營狀態，並在歷史時期反應出發展趨勢，從而有效判斷營銷的手法是否健康有效。

（2）提升轉化率的方法

網店的轉化率，就是所有到達網店並產生購買行為的人數和所有到達該店總人數的比率。對於一個店鋪而言，以足夠的視覺衝擊力產生良好的視覺傳達、流暢的交互體驗與清晰的信息分層，是提升轉化率的重要保障。

提升淘寶網轉化率的方法主要有：

●店鋪的整體裝修

店鋪的整體裝修主要分為兩方面：店招和商品分類。店招主要用來展示定位，如果定位明確，會增加回頭客或收藏人數，可以為以後轉化做鋪墊；店鋪的產品分類，主要是明確地告知消費者系列的產品構成。這樣才能吸引消費者繼續看下去，從而轉化成購買行為。

●搭配促銷區活動

促銷區是眾多賣家用盡渾身解數在設計上突出、展示和推薦相關產品的戰場，如果賣家能夠在促銷區通過產品的設計與搭配吸引顧客，就可以實現 10% 甚至更高的店鋪轉化率。

在促銷區推薦的產品必須是熱銷產品，產品呈現的尺寸也相對顯眼，拍攝和設計的角度要把精美度呈現出來。另外，要把此產品的熱度體現出來，比如說狂賣了多少件、某某推薦、某某（知名人士）同款等被大眾所認同的信息，用戶的從眾心理也會促使用戶仔細打開連結，並往下瀏覽下去。最後，還要把優惠的信息直白、明確、簡潔地體現出來，使消費者的需求得到直接的信息刺激。

●商品細節展示

把寶貝的各個細節大圖都放在寶貝下面，並把相關的材質介紹、購買信息寫得非常詳細，越真實的信息越讓用戶及早下定決心進行購買。

●促進瀏覽過的用戶回頭購買

首先，要讓這些消費者知道你足夠專注於某商品領域；其次要讓消費者主動地記住，比如說收藏的產品或者拍下你的寶貝；再次是一定要有一個渠道讓消費者能夠有效地找到。

如果消費者在三個月後想買賣家某產品的時候，他可能只記得了店名，按照習慣就會去搜索頁搜索，通常在這種情況下都搜不到，因為賣家可能沒有設置這個通道。因此，賣店在命名的時候，盡量在產品命名裡加上自己店鋪或者品牌的名字，或者設

置一下直通車，這樣搜店名就能到店裡。

●促進用戶的重複購買

已經買過的用戶大多都瞭解店鋪的產品，如果好感度比較強的話，會重複不間斷地購買（特別是消耗類的日用品、食品等），此時有經驗的賣家也要不時地對老用戶做一些優惠和照顧。

另外，對於當天購買過產品的用戶，在發貨之前，網店客服最好逐一溝通下，多做些客戶關懷和推薦，比如有另外一款產品加一點的錢也可以搭配讓利，也會增加同一用戶購買的單次金額。在銷售完成之後的重要節慶日，可以通過手機短信等方式，進行客戶回訪或關懷。這樣同時也會使消費者感受關懷與溫情，提升客戶忠誠度。

第二節　商品主圖的規範與設計方法

通過搜索商品，展示給消費者的第一張圖片就是商品主圖。商品主圖的優劣影響買家關注以及買家點擊。在搜索相同關鍵詞的情況下，搜索出的大量結果中，決定消費者點擊哪個連結的核心要素就是主圖，主圖具備更多質地、風格、色彩等多個特徵，它比文字的描述更能影響消費者的喜好（如圖8.3）。

圖8.3　關鍵詞「空調」搜索到的主圖

主圖上不應該覆蓋過多的文字作為促銷信息，以免遮蓋住商品主體。雖然字體較多能夠引流，但影響搜索頁面的美觀，不利於視覺營銷。因此，主圖設計方面應該遵循一定的規範，著力突出品牌與格調。

一、主圖的素材要求

1. 足夠清晰

主圖的素材應該是足夠清晰的，精度盡量選擇800×800像素以上的圖片，以保證即使放大圖片仍然可以顯示清楚。另外，主圖應該顯示商品的全貌（如圖8.4），使消費者可以通過放大的功能查看商品的局部。

圖 8.4　主圖應該顯示完整的商品

2. 特點突出

圖片應該足夠有特色，比如某些商品的屬性需要有所強調或傾向，那麼相應的圖片原圖就應該在視覺上能夠實現說服與表達。

3. 圖片修正

拍攝的原圖應該經過一定的處理，在曝光正確的前提下，還要經過後期處理，使處理後的圖片足夠通透。

二、主圖的規範與信息分層

（一）主圖的規範

1. 標誌統一

對於品牌商品而言，視覺上應該傳達統一的感受，包括視覺風格、質感以及品牌標誌等。同一家店鋪中可能會經營幾個品牌，也可能只經營某一個具體品牌。

對於知名品牌商品（這裡特別指品牌知名度遠大於店鋪，或者賣家認為以商品品牌為推廣依據更容易引流），最好能夠在主圖中顯示出知名品牌的標誌（如圖 8.5）。

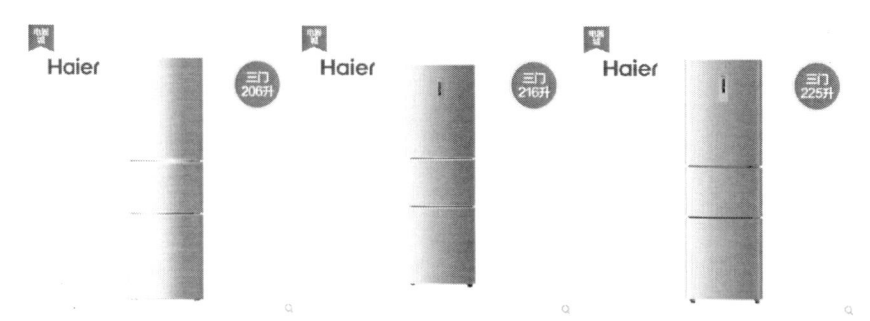

圖 8.5　具有品牌標誌的主圖

2. 慎用文字

主圖上的文字應該考究，不應該體現過多的內容，應該以圖為主，排版不要過於凌亂。文字的表達應該抓住重心，例如「包郵」或者品牌、打折，而不要過多地羅列商品屬性。

如圖 8.6，這些主圖的文字都明顯過多了，字體也用得雜亂，整個主圖給人感覺重點不突出；而反觀圖 8.5，主圖中除了圖片、品牌以外，只有明顯的、最重要的商品特徵（容量）以圓形的背景突出出來，整個主圖給人的感覺是簡潔、大氣。

圖 8.6 文字過多、顯得雜亂的主圖

3. 排列美觀

商品的排列方式也是主圖中需要考慮的重要因素，在設計主圖時，可以考慮將商品排列的方式按前文中構圖的思想來進行排列。也可以通過商品的正面、反面、側面對比；或關閉、半開、全開；或扇形；或堆疊；或遠近突出；或菱形、三角形、心形；或不同的色彩組合等方式進行排列，以達到第一眼即可吸引消費者，繼而引發點擊慾望的目的（如圖 8.7）。

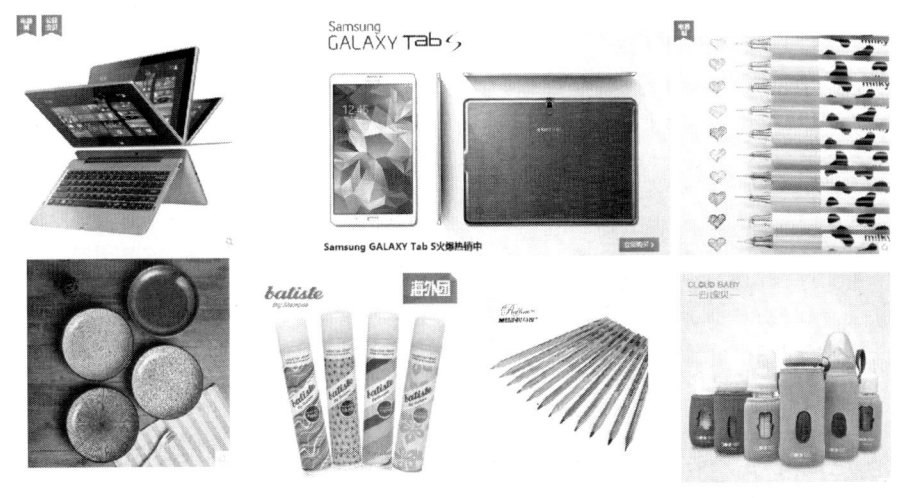

圖 8.7 採用構圖思想排列的商品

(二) 主圖的信息分層

主圖的信息也存在著一些分層，由於是直接被消費者最先看到的圖，因此上面的信息也要盡可能反應商品的賣點。

主圖的信息層次可以是：圖、品牌標誌、商品特性、包郵或贈送信息等。如圖 8.8，左、中、右圖的層次劃分：

圖 8.8　主圖的信息層次

●左圖的第一層次為白葡萄酒的圖片和文字說明；第二層次為「特惠價」（以紅色圓底突出於整個畫面，形成視覺焦點；第三層次為左上角的品牌標誌）。

●中圖的第一層次為放大的水果冰淇淋機（包括背後的水果擺設）；第二層次為「全網最低僅此一次」和「限時瘋搶！88 包郵」的促銷信息；第三層次為中圖下部的商品特點（「1 分鐘水果變冰淇淋」的文字和中圖左下部的小圖，顯示如何將水果變成冰淇淋）。

●右圖的層次比較多，第一層次為手握的平板電腦照片；第二層次為性能指標賣點（「魯大師 5 萬跑分」「電腦綜合性能得分」「小身材大容量（2G+64GB）」「千元 Win8 平板之王」「微軟官方推薦 8 寸 Win8 最佳分辨率 1280×800」），以刺激追求配置和跑分的潛在消費者；第三層次為贈品（贈送「價值 888 元正版 Win8.1 系統」「價值 399 元正版 Office365」）；第四層次為頂部的品牌標誌。

這三張主圖都有三層以上的信息，不過信息不宜過多，信息的堆砌也因商品的特性不同而有所區別（如左圖葡萄酒和右圖平板電腦，所需要強調的內容差別較大，所以信息層次和信息量差別也較大）。根據前文中用戶短時記憶的特性，過多信息會讓消費者記不住，因此信息層次不可過多，信息量也不可過大，否則易形成「處處都是重點、結果沒有重點」的情形。

如果要進行店鋪宣傳，那麼最好在主圖中某一固定位置放置店鋪的標誌（通常是商品的品牌知名度不夠高、賣家認為強調店鋪比強調商品的品牌更有必要；或者商品的品牌與店鋪的品牌相同時），比如一律放在左上角或右上角，並固定下來，沿用到全店所有商品的主圖上，以形成消費者的視覺習慣。

☆ 本章思考

1. 流量是如何構成的？
2. 除了淘寶網的網店利用量子恒道這個分析流量的工具以外，其他網站一般採用什麼工具來分析？
3. 商業付費流量是否必須？
4. 如何提高自然流量？
5. 如何增加潛在消費者的主動訪問行為？
6. 如何通過視覺行為培養客戶的忠誠度？
7. 對瀏覽量（PV）/訪客數（UV）的比值（M）分析有何意義？
8. 為什麼商品的主圖需要進行規範設計？
9. 商品主圖的信息分層需要如何應對不同的商品？
10. 根據你的瞭解，除了商品主圖，其他的商品圖片設計應該遵循什麼樣的規範？

第九章　網店視覺營銷數據化

為了能夠讓最終的營銷結果與預期目標相符，網絡視覺設計必須承擔起相應的責任——將視覺營銷數據化則是其中有效的法門。

由於視覺中涉及眾多的美學、行為學觀點，許多定性的手法的指導性仍然顯得薄弱，對於「好」的標準又千差萬別。因此，在產生視覺設計行為以前，我們需要對數據進行分析，如果數據量足夠大，那麼將可以產生出具備統計意義的規律。

因此，數據分析是視覺呈現的優秀指導，好的流程將產生好的數據統計結果。

第一節　視覺營銷數據化前期工作

視覺營銷數據化的前期工作包括數據的搜集與準備、網店整體視覺定位、商品頁邏輯結構定位等工作。

一、網店整體視覺定位

（一）搜集分類數據

以淘寶網為例，在做網店整體視覺定位之前，可以先搜集相關分類數據。例如，點擊產品的類目，可以細分到更明細的風格。如圖9.1，這是淘寶網中女裝的風格展示局部，我們可以看到它至少分成了兩個層面：

首先是風格的大類劃分，有「甜美風格」「街頭風格」「通勤風格」「文藝復古」等。

其次是每一大類劃分之下，又有明細的風格劃分，例如「甜美風格」下面又細分出了「淑女」「日系」「甜美」「學院風」「清新」「可愛」「少女系」「青春甜美」「公主」「俏皮活潑」等，且不論這樣的劃分是否足夠科學，單是這樣的劃分細度，就足夠讓我們在整體定位前能夠有足夠多的選擇。

（二）分析分類商品數據

在選擇了某類商品的整體風格定位之後，可以再分析各個風格的特色，並參考這類網店的典型特徵，形成自己的初步風格定位思考（如圖9.2，這是一個示意圖，風格定位在更多觀摩之後自然就會形成心得和心理定勢）。

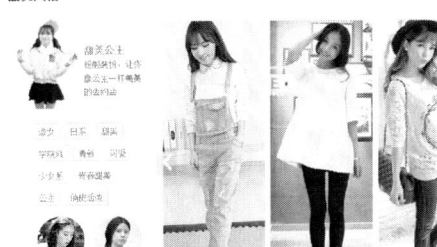

第九章　網店視覺營銷數據化

甜美風格

街頭風格

通勤風格

文艺复古

圖 9.1　淘寶女裝風格分類

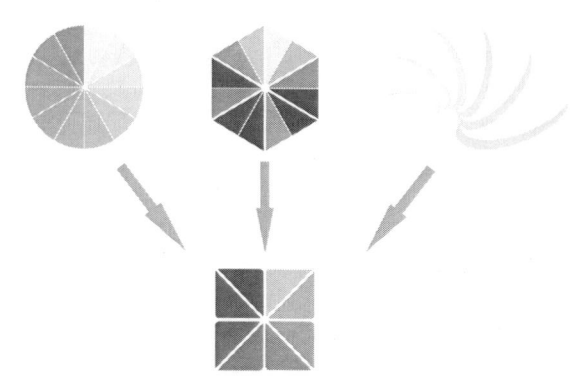

圖9.2　參考同類形成自己的風格定位

(三) 分析目標人群數據

在對商品風格做出初步的定位思考之後，再對目標人群進行分析，可以採用數據魔方和淘寶指數。

例如，可以從數據中分析出男女比例、年齡範圍、成交價格區間範圍、搜索成交占比、搜索人群和成交人群的各種屬性對比等。

二、商品頁邏輯結構定位

當整店視覺定位完成之後，整體視覺框架將統一，此時的網店將具備較高的人群針對性和匹配性。此時，需要設計人員秉承為消費者服務的思想，繼續從商品本身特點出發，完成商品頁的邏輯結構定位。

商品頁的邏輯結構定位大致可以分為以下幾個步驟：

(一) 搜集整理商品的屬性數據

商品屬性可以從本企業的產品部門或供貨商處獲得，需要詳細表明產地、性能參數、指標、原理，並且要盡一切可能搜集到上游渠道的相關圖片、表格資料。商品屬性數據越詳細越好，這些數據能夠為後期交互設計提供明確的思路。為了能夠拿到最有價值的資料，有時甚至需要重赴生產地或採集地、原料地拍攝最具備特色的一手照片。

屬性數據搜集好之後，參照前文交互設計中的方法結構化數據，為後一步工作做好準備。

(二) 建立商品相關角色

建立商品相關的角色是為了後續的劇情設計，一般可以理解為「商品」+「模特」。如果是單純商品，那麼就用商品本身作為角色；如果存在模特及今後模特的使用過程，那麼應該將模特的角色明確出來。

根據前文交互設計的方法，為「使用」該商品的模特創建相應的人物角色，包括年齡、身分、打交道的人員等。例如「秋季情侶衫」，需要創建男女模特扮演的情侶，可以更細一步到兩名角色的職業、愛好等。

（三）設計商品拍攝的劇情

根據前文交互設計的方法，進一步為商品和模特設計劇情，通過文字腳本、草圖、故事板，最終構造商品的功能圖、服務藍圖。

（四）配合劇情的拍攝

在劇情完善設計的基礎上，簽約模特人員、化妝師、招集攝影師、選定攝影場地，按劇情的要求進行拍攝。攝影前要讓工作人員為模特、攝影師進行產品要點講解，並且要讓攝影師和模特進行充分溝通。

（五）後期處理與邏輯設計

照片拍攝完成之後，進入緊張的後期處理階段，包括圖片調色、增亮、圖文合成等工作按計劃進行。

邏輯設計雖無定勢，但可以參照競爭對手的情形進行對比。在各個環節注意有所提升、注意突出自家商品和店鋪的特色。

有些商品的拍攝可能沒有模特參與，但也可以使用卡通人物、手繪背景等進行效果組合，實現商品的場景化，同樣也具備一定的邏輯性；邏輯設計時最好充分參考前文撰述的 FABE 原則和結構化、項目細化等原則，以實現最理想的視覺說服效果。如圖 9.3，從左至右的幾種風格邏輯結構，各有特點：

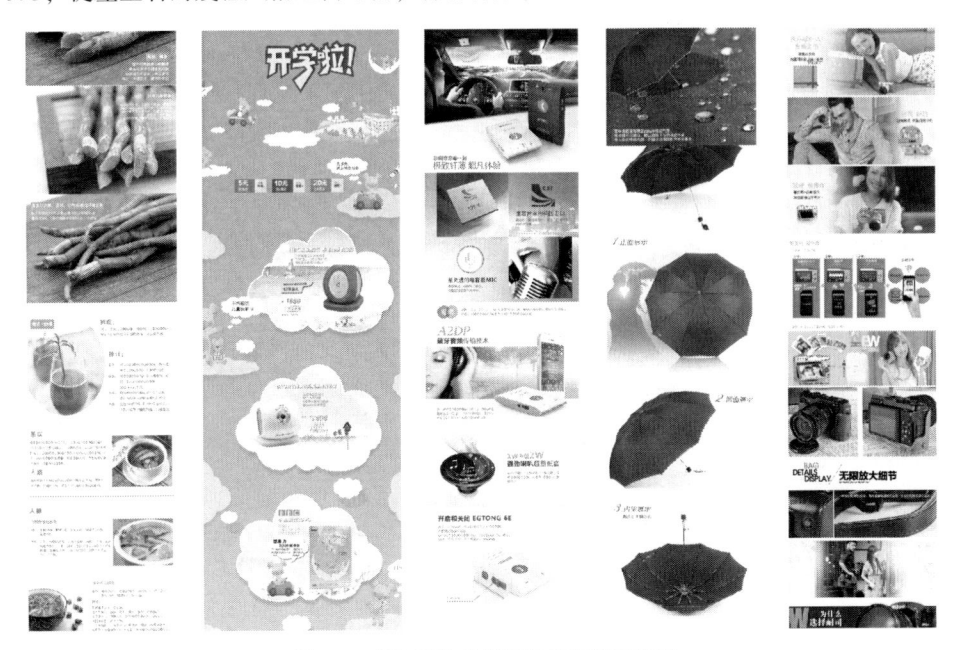

圖 9.3 各種風格的場景化劇情邏輯結構

左一：通過生長環境、商品外觀及特點展示，再加上吃法（鮮吃、茶飲、入酒、入藥、入膳等）將石斛這種養生商品的特點及應用特點場景化，能夠充分滿足前文所述的 FABE 原則下，以一個虛擬養生的人（這裡這個人並沒有出現，但我們可以同理

心感受得到）作為人物角色設定，通過其劇情設計，實現了服務藍圖。

左二：通過「開學啦」為主題設計的具有一定劇情的、關聯商品、卡通人物參與的邏輯結構。讓開學的學生或家長能夠在以開學為主題的思路引導下，一次性地盡可能全面地考慮相關的商品。

左三：展示的是車載藍牙免提電話，通過精心的場景與劇情設計，讓消費者既瞭解了該產品的特點和優勢，還能夠感受到自己使用該商品時的效果。

左四：展示的雨傘，通過面料的防水性強調（含文字說明），正側內面的展示，背景圖中的浪漫效果等，將雨傘的應用特點基本闡述清楚。該雨傘系列還可以加入模特生活應用場景展示，以進一步加強劇情的邏輯構造。

最右：展示的微單相機，通過多幅應用場景的組合，生活化地展示應用場景。從中我們甚至可以讀出模特扮演的角色的心情；這種心情應用的場景具有暗示性，暗示「如果我也擁有，那麼我也將……」為消費者創造了無限遐想的空間。場景的浪漫性偶爾被精美的產品細節所打斷，不斷挑起消費者的購買慾望。

第二節　視覺營銷數據化後期工作

在視覺營銷數據化前期工作完成之後，賣家就需要應對頁面中各個細節，並且根據商品類別的劃分，在不同頁面實現不同功能。

一、關聯銷售商品數據分析

商品的排列將是關聯產品考慮的重要因素，可以通過商品屬性關鍵詞數據來進行分析。商品屬性可以根據當前希望銷售的產品類別，在搜索頁中輸入相關的關鍵詞，以判斷商品的大致方向。

如圖9.4，通過在搜索框輸入最基本關鍵詞「秋裝」後，獲取更多熱門屬性關鍵詞

圖9.4　以基本關鍵詞輸入搜索框後獲取更多熱門屬性關鍵詞

「外套」「上衣」「女裝」「連衣裙」等，甚至當鼠標移動到某個類別屬性時，還會在右邊顯示更明細的分類。

另外，還可以在「綜合排序」中查看用戶最喜歡的價位——將鼠標移動到直方圖中最高的直方上，將顯示當前最多用戶喜歡的比例、價位區間（如圖9.5）。

圖9.5　更多關鍵詞推薦與價位排序直方圖

同時系統還有一些熱門屬性的推薦關鍵詞，如「選購熱點」「元素」「流行男裝」「相關分類」「您是不是想找」……這些數據分類，每一個下面又分出更多的明細分類，這些都是在視覺營銷數據化後期，需要進行大量搜索、整理、統計、分析的內容。只有建立在這些商品屬性及熱門關鍵詞數據分析基礎之上的視覺營銷觀點，才能更加實用、有效。

根據上面的數據分析，賣家可以充分挖掘各個屬性之間的內在關聯，通過商品的合理搭配與優惠，充分滿足顧客的需求，從而更好地在強手如林的競爭中脫穎而出。

二、顧客來源與顧客價值分析

(一) 顧客來源分析

除此之外，顧客來源分析也能夠讓賣家即時掌握消費者訪問路徑，從而修正頁面結構。在量子恒道中，通過訪客地區分析、即時數據訪問等，可以得知入店來源、訪問時間、被訪頁面、訪客位置、顧客跟蹤及回訪客情況；根據訪客地區分析，還可以在地圖上看到訪客的訪問比例。

如圖9.6，訪客地區分析可以選擇訪問的國家（默認為中國），如果選擇中國，還可以進一步選擇更細的省份，顯示省內的訪問量，並快速查看當天、最近7天、最近30天的訪客數量。

图 9.6　访客地区分析

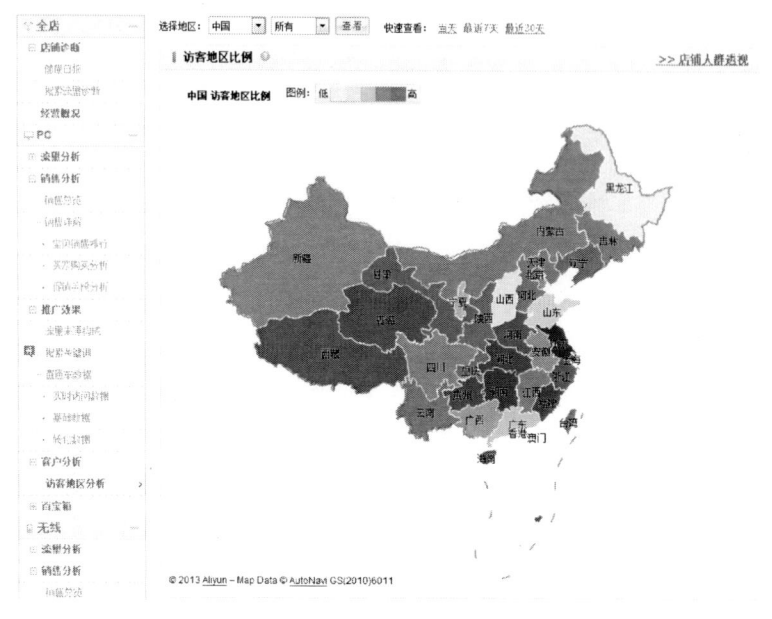

（二）顾客价值分析

顾客价值分析通常采用 RFM 法，即通过近期度（Recency）、购买频度（Frequency）和购买币值（M）三方面的指标对顾客进行分类。将顾客按这三个指标分类，找出其中最具备价值的客户，然后找出他们的共同特征，以便为未来视觉营销决策服务。

具体做法是：首先根据顾客数据中的成员，分别在 R、F、M 三方面进行统计，并分别赋予一个分值；然后，按该分值进行排序。

近期度权重＝10（这个值取自计算的月份，这是计算最近 10 个月以来的情况）

频度权重＝2（去年一年的，因为要估算今年，所以按两年算）

总价权重＝0.02（根据经验统计得出的一个比率，供参考）

如表 9.1，我们可以很容易从最终顾客评分的结果中看出最具价值的客户为 00004 号，因为他的评分值达到 122.7 分。

表 9.1　　　　　运用 RFM 法选择价值客户算例表

顾客编号	最近购买月份	近期度分值 R	购买频度	频度分值 F	购买总价	总价分值 M	顾客评分
00001	4	0.4	5	10	3450	69	79.4
00002	3	0.3	6	12	2880	57.6	69.9
00003	4	0.4	3	6	1230	24.6	31
00004	3	0.3	7	14	5420	108.4	122.7

表9.1(續)

顧客編號	最近購買月份	近期度分值 R	購買頻度	頻度分值 F	購買總價	總價分值 M	顧客評分
00005	2	0.2	2	4	1560	31.2	35.4
00006	5	0.5	9	18	7800	156	174.5
00007	7	0.7	6	12	4200	84	96.7
00008	3	0.3	1	2	960	19.2	21.5
00009	4	0.4	3	6	3530	70.6	77
00010	2	0.2	2	4	880	17.6	21.8
00011	4	0.4	1	2	660	13.2	15.6

※近期度分值＝最近購買月份/近期度權重
※頻度分值＝購買頻次（去年一年）×頻度權重
※總價分值＝購買總價×總價權重
※顧客評分＝近期度分值＋頻度分值＋總價分值

　　RFM方法的優勢在於為實現顧客價值最大化提供分析的基礎，能夠讓網絡賣家從顧客群中找出最具有價值潛力的客戶；RFM的不足之處在於其分析變量的有限性，因此需要結合其他方法共同分析，特別是大數據挖掘技術和知識管理等方法。

☆本章思考

1. 網站整體視覺定位的流程是怎樣的？
2. 邏輯結構定位需要注意什麼？
3. 如何進行關聯銷售商品的數據分析？
4. 顧客來源分析的工具是什麼？
5. 顧客價值分析是怎樣計算的？

參 考 文 獻

［1］王江濤. 電子商務美工應用實驗教程［M］. 重慶：重慶大學出版社，2009.

［2］風之鳥工作室. 用CorelDRAW9 彩繪方案圖［M］. 北京：中國水利水電出版社，2000.

［3］弗蘭西斯·克里克. 驚人的假說——靈魂的科學探索［M］. 汪雲九，譯. 長沙：湖南科學技術出版社，2004.

［4］梅薩里. 視覺說服——形象在廣告中的作用［M］. 王波，譯. 北京：新華出版社，2004.

［5］貝因特·施密特，亞歷克斯·西蒙森. 視覺與感受：營銷美學［M］. 曹嶸，譯. 上海：上海交通大學出版社，1999.

［6］胡崧. 網頁色彩與版式設計創意實戰［M］. 北京：中國青年出版社，2006.

［7］埃利奧特·杰伊·斯托克斯. 網頁的吸引力法則［M］. 史黛拉，譯. 北京：電子工業出版社，2011.

［8］任悅. 視覺傳播概念［M］. 北京：中國人民大學出版社，2008.

［9］丹·塞弗. 交互設計指南［M］. 2版. 陳軍亮，陳媛媛，李敏，譯. 北京：機械工業出版社，2012.

［10］杰夫·約瑟夫. 認知與設計理解UI設計準則［M］. 張一寧，譯. 北京：人民郵電出版社，2011.

［11］斯蒂芬·安德森. 怦然心動——情感化交互設計指南［M］. 侯景豔，胡冠琦，徐磊，譯. 北京：人民郵電出版社，2012.

［12］王佳. 信息場的開拓——未來後信息社會交互設計［M］. 北京：清華大學出版社，2011.

［13］趙慧文，張建軍. 網絡用戶體驗及交互設計［M］. 北京：高等教育出版社，2012.

［14］九兒設計. 視覺營銷打造網店吸引力［M］. 北京：電子工業出版社，2012.

［15］淘寶大學. 網店視覺營銷［M］. 北京：電子工業出版社，2013.

後　記

　　網絡視覺營銷是一個新興的領域，從多媒體技術發端，到平面設計、虛擬現實、電腦美工，再到交互設計；從色彩原理、格式塔原理到視覺傳達，再到用戶體驗；從網絡營銷、整合營銷到數據化營銷……網絡視覺營銷走上了一條跨專業、多交叉、視野與觀點有些超前的艱辛之路。

　　從市面上流行的平面設計、網頁製作等以軟件操作為主要內容的書籍來看，人們對視覺目標的操作已經有了相當高的認知度和熟悉度，深入挖掘其中的原理，我們發現，視覺其實仍然是一個非結構化、不易把握、缺乏定式的門類。通常，我們將能夠提煉出規律的知識體系稱為科學，反之則並入藝術的範疇。

　　我們面臨的網絡現實是：營銷需要遵從相應的原理、原則與方法，而網絡視覺營銷則是其中的硬骨頭。我們今天所做的努力，也是站在前人的肩膀上的探索。前人總結的設計原則和範式，如果我們完全遵從是否一定會取得最理想的效果？這還需要大量的實踐來佐證。

　　網絡視覺中最具科學性的數據化營銷，需要長時間的大數據採集，而目前我們的相關資料和歷史經驗都比較匱乏。目前，各家電商一方面在向大數據挖掘求助，另一方面又要直面客戶未必符合設計原則的個性化需求。

　　網絡視覺營銷還有很長的路要走，儘管現在它還像嬰兒蹣跚學步，不過，在更加強調用戶體驗與人性化方法的明天，網絡視覺營銷一定會成長壯大，呈現出一片繁榮的景象。

　　圖片引用說明：本書為例舉闡明相關原理，從互聯網上引用了部分圖片，已盡可能標註其來源及出處，並非用於產品推廣等商業用途，請原作者聯繫出版社索取稿酬。

國家圖書館出版品預行編目(CIP)資料

網路視覺營銷 / 王江濤 編著. -- 第一版.
-- 臺北市：財經錢線文化，2018.12

　面 ；　公分

ISBN 978-957-680-277-5(平裝)

1.網路行銷

496　　107019051

書　名：網路視覺營銷
作　者：王江濤 編著
發行人：黃振庭
出版者：財經錢線文化事業有限公司
發行者：財經錢線文化事業有限公司
E-mail：sonbookservice@gmail.com
粉絲頁　　　　　　網　址：
地　址：台北市中正區延平南路六十一號五樓一室
8F.-815, No.61, Sec. 1, Chongqing S. Rd., Zhongzheng Dist., Taipei City 100, Taiwan (R.O.C.)
電　話：(02)2370-3310　傳　真：(02) 2370-3210
總經銷：紅螞蟻圖書有限公司
地　址：台北市內湖區舊宗路二段121巷19號
電　話：02-2795-3656　　傳真：02-2795-4100　網址：
印　刷：京峯彩色印刷有限公司（京峰數位）

　　本書版權為西南財經大學出版社所有授權崧博出版事業有限公司獨家發行電子書及繁體書繁體版。若有其他相關權利及授權需求請與本公司聯繫。

定價：450元

發行日期：2018年 12 月第一版

◎ 本書以POD印製發行